# 超速 パソコン仕事術

仕事が速い人ほどマウスを使わない！

INCREDIBLY
FAST
PERSONAL
COMPUTER
LIFEHACKS

岡田充弘
Mitsuhiro Okada

かんき出版

●商標について

Microsoft、Windows、Excel、Word、Outlook、Internet Explorer は、米 国 Microsoft Corporation の米国および、そのほかの国における登録商標です。

そのほか、本書に掲載した製品名、サービス名、会社名は、各社の登録商標、または商標です。なお、本文中には、®、TM は明記しておりません。

# はじめに

はじめまして、岡田充弘です！
本書を手に取っていただき、ありがとうございます。

唐突ですが、本書には、大きな特長があります。
**それは、この本はただのパソコン書ではなく、「仕事で使えるビジネス書である」ということです。** いわゆる「パソコンの専門書」では、パソコンやソフトウェアの機能的な側面しか教えてくれません。実際に、ビジネス上のどのようなシーンで、どのように役立てるのかは、読者の判断に委ねられているということです。

もちろん、それを必要としている人もたくさんいるのですが、本来こういったノウハウは、自分自身の仕事と紐づけながら習得していかなければなかなか身につきません。技術と活用シーンを切り離すのではなく、可能なかぎり現実のシーンを思い浮かべながら学んでいくほうが、より効果的だということです。

そこで本書では、私の経験にもとづき、**ビジネスパーソンの仕事に直接役立つよう、できるかぎり実際の仕事で使えるワザを、それが活用できるビジネスシーンとともに紹介しています。**
そういった意味では、かつてないほど実用的で即効性の高い内容になっているはずです。

なぜ、私にこの本の内容をお伝えすることができるのか？　その秘密は、私のワークスタイルにあります。

少し私のことをお話しさせていただきます。

私はいま、4つの会社を経営しています。

1つ目は「カナリア」という会社。ここでは、おもに「リモコン雲台」と呼ばれる、三脚とカメラとの間に取りつけ、離れた場所から無人でカメラを操作できるようにする機械を製作し、テレビ局や病院などに販売しています。

2つ目は、ソーシャルサービスの企画・運営や、IT人材の教育を行う「メカゴリラ」という会社。

3つ目は、参加型の謎解きイベントの企画や、それを使った社員研修などを提供している「クロネコキューブ」という会社。

4つ目は、最近立ち上げたばかりなのですが、「ウズラ」という建築や店舗・オフィスのデザインを行う会社です。「カナリア？　ゴリラ？」変わった名前の会社ばかりですが、どの会社もちゃんと収益を上げていますし、名前だけでなく、すべて代表取締役として現場で舵を取っています。

これら4つの会社の経営のほかに、さまざまなプロジェクトをお手伝いしたり、本を書いてみたり、講演をしたりと、本当にいろいろなことをしています。

なんだか、忙しい自慢をしているようで恐縮ですが、実際、めちゃくちゃ忙しいんです。

でも、私は基本的に毎日18時には会社を出ています
し、趣味のトライアスロンの大会に出たり（もちろん毎日
トレーニングもしています）、よく人と食事にいったりし
ています。面白い機会があれば、逃したくないじゃないで
すか。

なぜ、こんなことができるのか？
**先に断っておきますが、私には、人に自慢できるよう
な特別な能力や才能が備わっているわけではありません。**
**ただ1つ心あたりがあるとすれば、ありふれた道具を、
人より少しだけ工夫して使っているせいかもしれません。**
それはパソコンの使い方に関する工夫です。

なぜ、パソコンなのでしょうか？
**それは、ちょっとした「ワザ」を覚えるだけで、仕事
のスキルや能力を上げなくても、短期間で仕事を劇的に速
く終わらせることができるようになるからです。**
仕事のスキルアップはもちろん大切ですが、それには時
間がかかります。しかし、パソコン作業の効率化は、「ワ
ザ」を覚えるだけですぐに時短効果を実感することができ
ます。しかも、パソコンの使い方が原因で仕事が遅くなる
原因は大きく3つしかありません。

①マウスを使っているせいで遅い
②パソコン上で探し物をするから遅い
③パソコン自体が遅い

これらの問題を解消するだけで、あなたの仕事は驚くほど速くなります。私自身も、この3つの原因を徹底的になくすための工夫をしているから、どんなに多忙でも、定時で仕事を終えることができているのです。

　もちろん、会社の社員にも、マウスを極力使わないなど、私と同じやり方を学んでもらい、効率よく仕事を終わらせられるよう、取り組んでもらっています。

　また、私はライフワークとして、仕事を超速で処理するための、さまざまなノウハウを集めています。この分野に関しては、一種のオタク、マニアです。仕事の効率化やスピードアップに関する本も何冊か書いています。

　本書では、その膨大な情報のなかから、あなたの仕事を遅くしている3つの原因を解消するパソコンワザを、80個厳選して紹介していきます。

　80個と聞くと、少し物足りなく感じるかもしれません。しかし、逆に言えば、**たった80個のワザを覚えるだけで、仕事が劇的に速くなるということです。**

　もちろん、80個すべて覚えていただく必要もありません。ご自身の仕事に役立つものだけをピックアップして試していただくだけで、必ず時短効果を実感できることでしょう。もちろん、「パソコンが苦手」という人でもかんたんに使っていただけるものばかりです。

　また、当然の話ですが、どのワザを使うかによって、どのくらいの時間を短縮できるかは変わってきます。そこで

本書では、ページ左上に、1日あたりで短縮できる時間を表示しています。1つずつの時短効果はかぎられていますが、複数のワザを積み重ねていただければ、1日が30時間になったように感じていただけると思います。

　本編に進む前に1つ、お伝えすることがあります。

　私は、個人的な「速さ」に対するこだわりから、ワードやエクセルなどのMicrosoft Office関連のソフトは、「2010」という少し前のものを使っており、本書では、それをもとに解説しています。また、OSも旧スタイルのシンプルなものが好みのため、「Classic Shell」というフリーソフトを使い、Windows 8.1の画面に変更を加えています。さらに、アニメーションなどの視覚効果機能をオフにしているため、掲載した画像や各名称、設定の手順などが、お使いのパソコンと異なることがあります。

　ただ、誰にでも使っていただけるよう、基本的なワザに絞って紹介していますので、最新のソフトをお使いの人でも、ご自身の環境に合わせて適宜読みかえていただければ、ご活用いただけると思います（ムリなものがあったらごめんなさい……。詳しくは9ページをご確認ください）。

　また、序章で設定に関する解説も加えていますので、OSにかかわらず、私が使っているのと、同じ環境を再現していただくことも可能です。

　この本は、ビジネスパーソンのみなさんに役立てていただくためのノウハウを紹介する本ですが、本書で紹介する

ノウハウを使って浮いた時間を、さらに仕事のために使ってくださいとは言いません（もちろん、それに使っていただいてもいいのですが……）。

会社帰りに1人で映画を観にいってもいいですし、恋人や友人、家族との時間に充てていただくのもいいでしょう。ほかにも、趣味やスポーツなど、自分の好きなことに時間を使っていただければと思います。

**とにかく、あなたが仕事に拘束される時間を少しでも減らし、浮いた時間で人生を充実させていただく、これが本書の目的です。**

ぜひ、"訓練"という意識は捨てて、ゲームや楽器のように、楽しみながらパソコンのワザを身につけていってもらえれば幸いです。

パソコンには、まだまだ人が知らないような隠れワザがたくさんあります。それを知っているのと知らないのとでは、仕事や人生の質に大きな差が生まれます。

新しい発見は誰にとっても楽しいものです。少しずつ謎を解き明かしていくような、そんなワクワクした気持ちで、一緒にワーク&ライフをハックしていきましょう。

あなたの仕事と人生が、より楽しく、よりワクワクするものになることを願って。

2016年4月

岡田　充弘

# 本書をお読みになる前に

本書は、2016年4月現在の情報をもとに解説しています。本書の発行後に、ソフトウェアがアップデートされ、機能や画面が変更されることがあります。あらかじめご了承ください。

本書で解説しているソフトウェアのバージョンは、おもに以下のとおりです。お使いのソフトウェアのバージョンの違いなどにより、記事で紹介したとおりの結果が得られない場合がございます。

- Microsoft Windows8.1
- Microsoft Word2010
- Microsoft Excel2010
- Microsoft Outlook2010
- Microsoft Internet Explorer11
- Adobe Acrobat 9

本書に掲載した画面のサンプル画像や各名称、設定の手順などは、著者独自の設定に依存するものです。Windowsのデフォルト設定と異なる場合があります。

本書で紹介しているフリーソフトは、開発者の都合により、開発が中止されたり、配布が停止されたりすることがあります。また、これらのソフトウェアのダウンロード、使用、サイトへのアクセスによって、万が一起こった、損害については、弊社および著者は一切の責任を負いません。必ず自己の責任にもとづきご使用ください。

はじめに ..... 003

# 序章 ストレスがゼロになる！ あなたのパソコンが驚くほど速くなる
## 基本設定・メンテナンス編

001 ムダな視覚効果を省くだけでパソコンの動作は劇的に速くなる ..... 018
002 不要な起動・常駐ソフトを停止して、起動を高速化する ..... 022
003 「サウンド」をオフにすると、起動はさらに速くなる ..... 024
004 キーボードの反応時間を短くすると、驚くほど作業が速くなる ..... 026
005 動きが遅い原因、パソコン内の「ゴミ」をきれいにする2つのワザ ..... 028

# 第1章 マウスを使わず仕事を10倍速くする！
## 作業効率化編

006 PC操作の速さの秘密は手の置き方にあった！ ..... 034
007 タスクバーからアプリケーションを瞬間起動する ..... 036
008 よく使うアプリケーションを一発起動する ..... 038
009 たまにしか使わないものは、スタートメニューから起動する ..... 040
010 同時に開いている複数のファイル・アプリケーションを瞬時に切り替える ..... 042
011 マウスを使わずウィンドウを自由自在に動かす ..... 044

**012** ファイルの保存場所は「パス」で共有する ……046

**013** キーボードで右クリック操作を行う 048

**014** 電源を落とさずに、
0.1秒でパソコンにロックをかける ……050

**015** いま見ている画面をそのままコピーする ……052

**016** 仕事中、頭を混乱させない
「デスクトップ」の使い方 054

**017** フォルダの中身をボタン1つで常に最新に保つ ……056

**018** 細かい設定が一瞬でできる!
何かと便利な「設定チャーム」 058

**019** デスクトップ右下のあれ。
「タスクトレイ」をキーボードで操作する ……060

**020** パソコン内の探し物は
エクスプローラーにおまかせ! ……062

**021** ショートカットキーでシステム情報を参照する 064

---

第**2**章 **文字入力が
驚くほどラクになる!
文書作成編**

---

**022** 文書作成時、
カーソルを行頭・行末に瞬間移動させる ……068

**023** 文章や文字をマウスを使わず意のままに選択する ……070

**024** よく使う言葉は「辞書登録」しておこう ……072

**025** 入力文字をボタン1つで
カタカナや英数字に変換する ……074

**026** 誤って変換した文字をマウスを使わず修正する ……076

**027** 郵便番号を住所に一発変換する ……078

**028** 読み方がわからない漢字は手書きで検索! ……080

**029** 議事録作成に便利!
メモ帳で現在の日時を瞬間表示する ……082

**030** 長い文章のなかから
必要な言葉を一瞬で見つけ出す ····· 084

**031** 置換機能で文書内の特定の言葉を
一度に変換する ····· 086

第**3**章 **苦手な人でもすぐ使える!**
**エクセル時短ワザ編**

**032** エクセルのヘッダーとフッターを活用し、
効率と信頼性を上げる ····· 090

**033** 複数ページにまたがる表でも、
ページごとにタイトルを表示する ····· 092

**034** こんなに種類があったんだ!
コピペを駆使してセル入力をラクにする ····· 094

**035** 絶対に覚えておきたい!
マウスを使わず「セルの書式設定」を開く方法 ····· 096

**036** ファイル全体の書式を
まとめて整える ····· 098

**037** 現在の日付と時刻をショートカットキーで入力する ····· 100

**038** 一覧がサクサクつくれる行列の
挿入と移動のショートカットキー ····· 102

**039** シート内を自在に瞬間移動する ····· 104

**040** フィルタ機能を使って、
大量の情報のなかから必要な情報だけを抽出する ····· 106

**041** よく使う文字をセルに登録して
キー入力の負担を減らす ····· 108

**042** じつはかんたん! 計算や作表の手間を減らす、
すぐに使える5つの関数 ····· 110

## 第4章 ミスやムダがゼロになる！
### ワード時短ワザ編

**043** 文字のサイズ変更や太字処理は
ショートカットキーで …… 116

**044** マウスを使わずフォントの種類や色を変える …… 118

**045** 意外と知らない？
アンダーラインの便利な使い方 …… 120

**046** 印刷プレビューを使いこなして
印刷ミスのムダを劇的に減らす！ …… 122

**047** 文章の間違いを自分の代わりに
「ワード」に探してもらう …… 124

**048** 単語や段落、文章全体を意のままに選択する …… 126

**049** 絶対に知っておきたい！ 間違えて上書き保存した
ファイルを復活させる方法 …… 128

**050** アウトラインと目次機能で
伝わりやすい文書をつくる …… 132

**051** アウトラインで段落レベルを上下させる …… 136

**052** アウトラインで段落のレベルを「本文」にする …… 138

**053** アウトラインで段落のレベルに応じて
テキストを表示する …… 140

**054** アウトラインで章や項目を移動させる …… 142

## 第5章 意外と知らない！？
### PDF便利ワザ編

**055** PDFファイルに「注釈」を入れる …… 146

**056** PDFの画面倍率を自由自在に変更する …… 148

**057** PDF ファイルの見たいページに瞬間移動 …… 150

**058** PDF ファイルのページを削除する …… 152

**059** ページ挿入機能で、
複数の PDF ファイルを 1 つにまとめる …… 154

**060** PDF ファイルのページを最速で
回転させるショートカットキー …… 156

**061** PDF の余計な部分をトリミングして見やすくする …… 158

**062** スキャンしてつくった PDF 文書の文字を認識、
検索できるようにする …… 160

**第6章 パソコン内の探し物がなくなる!
フォルダ・ファイルの整理編**

**063** 保存場所がすぐわかる!　フォルダの「階層」を
ツリー表示で可視化する方法 …… 164

**064** 必要なファイルがすぐ見つかる!
フォルダ整理のルール …… 166

**065** 最新のファイルが一瞬で見つかる!
ファイル名に入れる4つの情報 …… 168

**066** たくさんのファイル名を超速で変更するワザ …… 170

**067** フォルダ内のたくさんあるファイルのなかから、
必要なものを一瞬で開く …… 172

**068** 毎日使うファイルは、デスクトップではなく
スタートメニューにしまう …… 174

**第7章 最速で必要な情報を
見つけ出す!
情報検索編**

**069** 思いついたら5秒以内に
検索できる環境のつくり方 …… 178

**070** 必要な情報だけが手に入る！
Google の検索結果の精度を高めるワザ …… 180

**071** 一瞬で「お気に入り」を開く、登録する方法 …… 182

**072** 契約書や依頼書、
公的文書のひな形をネットからゲットする …… 184

**073** Google の検索以外の超便利機能を使い倒す …… 186

**074** 名前が思い出せない！　そんなときは画像検索 …… 190

## 第**8**章　知らないと損をする！
### 超速メール術編

**075** 開封しなくても読める！　Outlook の設定変更でメール
の閲覧を高速化する …… 194

**076** メールの作成・転送・返信をキーボードで即実行 …… 196

**077** 正しく使えてる？
To・Cc・Bcc を適切に使い分ける …… 198

**078** 最速で「連絡先」を呼び出す、登録する …… 200

**079** 過去のメールを瞬時に探し出す
検索機能の便利ワザ …… 202

**080** 最短でファイルを添付してメール送信する …… 204

**おまけ** Classic Shell のインストールと設定方法 …… 206

おわりに …… 212

カバーデザイン　西垂水敦（Krran）
本文デザイン・DTP　荒井雅美（トモエキコウ）
カバーイラスト　越井隆

# 序 章

## ストレスが
## ゼロになる!
## あなたの
## パソコンが
## 驚くほど速くなる

### 基本設定・メンテナンス編

「パソコンがすぐフリーズする」「起動が遅い」「アプリケーションがなかなか立ち上がらない」「動作が遅く、自分のスピードについてこない」……。

こういったストレスを抱えながら、日々仕事をしている人も多いのではないでしょうか?

じつは、こんなトラブルも、パソコンを買い替えることなく、ちょっとしたメンテナンスで、かんたんに解決することができます。

さらに、初期設定のままパソコンを使い続けている人は、いくつかの設定を変えることで、新品のときよりも動作を速くすることができます。

本書では、パソコン操作を速くする数々のワザをお伝えしていきますが、その前に、あなたがいまお使いのパソコン自体を爆速化し、作業にかかる時間を大幅に短縮するためのワザをお伝えします。

試していただければ、驚くほどの効果を実感できることでしょう。

# ムダな視覚効果を省くだけで パソコンの動作は 劇的に速くなる

とくに最近のOSは、華美な視覚効果がふんだんに施されています。じつはこれ、気づかないうちにパソコンの性能をかなり圧迫し、動きを遅くしているのです。

プライベートでの利用であればいいのですが、もし仕事でばりばりパソコンを使っているのであれば、こういった視覚効果はムダでしかありません。

ここでは、ムダな視覚効果を解除して、パソコンの性能を最大限に引き出し、サクサク動かすための方法を2つ紹介します。

1つ目はWindowsのパフォーマンス設定を見直す方法です。これは、ウィンドウやタスクバーのデザインなど、Windows全体の視覚効果をシンプルにする方法です。

設定の方法は以下のとおりです。少し長いので、次ページの図も参考にしながら、注意深く進めてください。

スタート画面の虫メガネアイコンをクリック→検索ボックスに「システム」と入力→「システムの詳細設定の表示」を選択→「システムのプロパティ」の「詳細設定」タブが開くので、「パフォーマンス」欄の「設定」をクリック→「パフォーマンスオプション」の「視覚効果」タブで

## パフォーマンス設定の変更

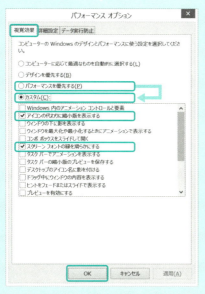

「パフォーマンスを優先する」をチェック→その後「カスタム」にチェックを変更し、以下の項目にチェックを入れてOKを押します。

☑アイコンの代わりに縮小版を表示する
☑スクリーンフォントの縁を滑らかにする

　ちなみに、このワザは、比較的デザインがシンプルな、Windows 7で使用しても効果を実感できると思います。

　2つ目は、Windows 8以降の「スタートメニュー」を旧Windows OSのスタイルに変更する方法です。

　旧スタイルの「スタートメニュー」のデザインは、非常にシンプルなため、「パフォーマンス設定」と併せて使用すれば、より動作を速くすることができます。

　ただし、これは、「はじめに」で少し触れたフリーソフト「Classic Shell」がインストールされているのが前提になりますので、試したい人は事前にインストールしておいてください（インストールや設定の方法は206ページを参照）。

　やり方は、まず、スタートボタン上で右クリックし、「設定」を選び、Classic Shellの「クラシックスタートメニューの設定」ウィンドウを開きます。

　そこで「スタートメニューの様式」タブからいずれかのスタイルにチェックを入れて、OKを押すとスタートメニューが旧式なシンプルなものに変わります。

　ちなみに、私のおすすめは、Windows 7スタイルです。

## Classic Shellでスタートメニューを旧スタイルに

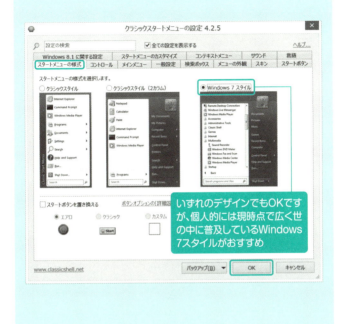

いずれのデザインでもOKですが、個人的には現時点で広く世の中に普及しているWindows 7スタイルがおすすめ

　ここで紹介した2つの作業を行うと、画面が相当シンプルになるため、最初は違和感を覚えるかもしれませんが、お使いのパソコンが驚くほど軽快に動くようになったことを必ず実感できるはずです。

　お使いのパソコンの視覚効果が、買ったときのままになっているという人は、ぜひ試してみてください。

　急にサクサク動くようになりますので、本当にびっくりすると思います。

# 不要な起動・常駐ソフトを停止して、起動を高速化する

　なかなかパソコンが立ち上がらず、仕事にとりかかれない……。イライラしますよね。でも、こういった時間のムダもちょっとした作業で解消することができるんです。

　じつは、工場出荷時のパソコンには、余計な起動・常駐ソフトがいっぱい入っています。これらはバックグラウンドで動いているので、ふだん意識することはありませんが、起動や動作を遅くしているおもな原因なのです。

　つまり、不要な起動・常駐ソフトを、起動時に立ち上がらないよう設定しておけば、起動時間が短くなることはもちろん、バックグランドへの負担も減って、パソコンが軽快に動くようになるということです。

　とはいえ、不要なプログラムをすべて削除するには、知識が必要。そこで、ここでは、パソコンに詳しくなくても、かんたんにできる、「スタートアップ」から不要なショートカットを削除する方法を紹介します。

　スタートアップとは、Windowsを起動したときに、同時に起動するプログラムのことです。毎日使うソフトであれば、そのたびに立ち上げることなく使用できるので便利である反面、必要のないときにも裏で動いているため、パソコンの起動や動作を遅くする原因になります。

　「そんなプログラムがあるの？」と思った人もいるかもし

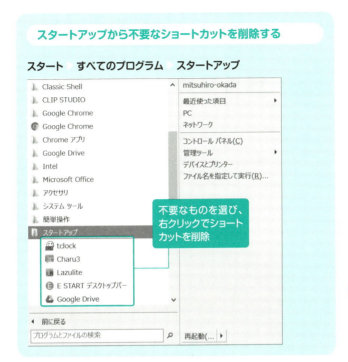

れませんが、はじめからスタートアップに登録されているものもありますし、ソフトをインストールしたときなどに、勝手にスタートアップに登録されている場合もあります。

**削除のしかたはかんたんで、「スタート」→「すべてのプログラム」→「スタートアップ」→不要なショートカットを選び右クリック→削除、で完了です。**

なお、Windows 8以降をお使いで、前項で紹介したClassic Shellをインストールしていない場合は、「すべてのプログラム」ではなく、「タスクマネージャ」→「詳細」「スタートアップ」タブを選択し、同様の作業を行ってください。

# 「サウンド」をオフにすると、起動はさらに速くなる

　前項では、パソコンの起動をより速くするために、スタートアップに登録されている不要なプログラムを削除する方法をお伝えしましたが、もう１つ、誰でも手軽にできる、パソコンの起動を速くする方法があります。
　それは「サウンド」の設定変更です。

　パソコンを立ち上げるときやシャットダウンするとき、音が出ますよね。じつは、これも起動を遅くしている原因の１つなのです。
　なんの役にも立たない機能ですので、「このサウンドを聞かないと、仕事にとりかかれない！」「あのメロディーが好きで好きでたまらない！」という人でなければ、オフにしておくことをおすすめします。
「サウンドがうるさいから」と音量を「０」にしている人も同様です。実際に音はしていなくても、サウンドプログラムは実行されています。

　設定の方法はとてもかんたんです。
「スタート」→「コントロールパネル」→「サウンド」→「サウンド」タブ→「サウンド設定」欄で「サウンドなし」を選択→「Windowsスタートアップのサウンドを再生

## ムダなサウンドをオフにする

### スタート ▶ コントロールパネル ▶ サウンド

サウンド

| 再生 | 録音 | サウンド | 通信 |

サウンド設定は、Windows とプログラムのイベントに適用されるサウンドのセットです。既存の設定を選んだり、変更した設定が保存できます。

サウンド設定(H):

| サウンドなし (変更) | ▼ | 名前を付けて保存(V)... | 削除(D) |

サウンドを変更するには、次の一覧のプログラム イベントをクリックしてから、適用するサウンドを選んでください。変更内容が新しいサウンド設定として保存できます。

**「サウンドなし (変更)」を選択**

プログラム イベント(E):

- Windows
  - NFP 完了
  - NFP 接続
  - Windows テーマの変更
  - Windows ユーザー アカウント制御
  - インスタント メッセージの通知
  - システム エラー

☐ Windows スタートアップのサウンドを再生する(P)

サウンド(S):

| (なし) | ▼ | ▶ テスト(T) | 参照(B)... |

**チェックを外す**

| OK | キャンセル | 適用(A) |

## する」のチェックを外して OK を押すだけです。

　この設定だけだと、起動の速さを実感していただけるかわかりませんが、スタートアップの設定変更と併せて実行すれば、起動が速くなったことを確実に実感できるようになるはずです。

序章

ストレスがゼロになる！ あなたのパソコンが驚くほど速くなる

基本設定・メンテナンス編

# キーボードの反応時間を短くすると、驚くほど作業が速くなる

Trick 004
6分短縮

　文字入力やファイルの選択など、私たちはパソコンを使った仕事のうち、多くの時間をキーボード操作に費やしていますが、ここにも作業を遅くする原因があります。

　あなたは、「スペース」キーで行送りをしたり、「上下左右」キーでカーソルを移動させる際、キーを押しっぱなしにしているのに、思ったようにカーソルが動いてくれず、キーボードを連打した、という経験はありませんか？

　じつは、工場出荷時のパソコンは、キー入力をしてから、その命令（カーソルの移動や文字の表示）が画面に反映されるまでの待ち時間が、長く設定されています。この設定のせいで、速く入力しようと思ってもカーソルがついてきてくれず、つい、キーボードを連打してしまうのです。

　こういったイライラの原因は、キーボードの設定を、「入力してから文字が表示されるまでの待ち時間」を短く、「表示の間隔」を速くするよう変更することで解消できます。キーボード操作が劇的にスムーズになり、驚くことでしょう。

　**具体的な設定方法は、「スタート」→「コントロールパネル」→「キーボード」→「表示までの待ち時間」と「表示の間隔」の「ボリューム」ボタンを右端まで移動させて、OKを押せば完了です。**

## キーボード操作を超速にする設定

**スタート　コントロールパネル　キーボード**

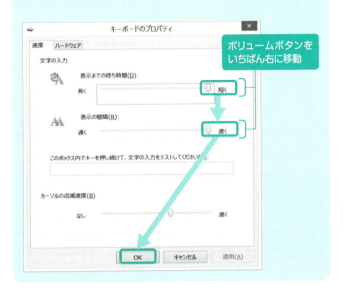

　設定後は、カーソル操作や文字入力が軽快になっていることに、すぐ気づくはずです。とくに、スタートメニューやファイル・フォルダの選択、タブ移動、エクセルのセル操作などで、絶大な効果を発揮します。

　また、メールや文書作成などで、1日何千もの文字を打ち込んでいる人は、1文字あたりの入力時間が短くなるため、トータルすると莫大な時間を節約することができます。

　現在のマシンのまま、時間もお金もかけずに性能アップを体感できるワザですので、すぐにでも試していただければと思います。

# 動きが遅い原因、パソコン内の「ゴミ」をきれいにする2つのワザ

「アプリケーションがなかなか立ち上がらない」「すぐフリーズする」「インターネットが遅い」……。

長年、同じパソコンを使っていると徐々に動作が重くなってきます。その原因は、ハードディスクのなかに、不要なファイルやアプリケーションのほか、一時ファイル（作業のために一時的に保存されるファイル。たまに、消えずに残っていることがある）や、キャッシュ（よく使うデータやウェブサイトなどを、より速く表示させるためにパソコンに記憶される情報）など、いわゆるコンピューターの"ゴミ"がたまってくるせいです。

これらを取り除いてやれば、同じパソコンを長く若々しいまま使い続けることができます。

ここでは、誰でもかんたんにできる、パソコンの「掃除法」を2つお伝えします。

### ①ディスクのクリーンアップ

ハードディスクをきれいにする、最も標準的な方法です。この機能を使えば、不要なファイルや一時ファイル、キャッシュ、ダウンロードプログラムなどを、選択して削除することができます。実施の方法は以下のとおりです。

「Windows」キー＋「E」→ PC →「ローカルディス

## ディスクのクリーンアップの手順

**Windowsキー+E ▶ PC ▶ ローカルディスク(C)
▶ 右クリック ▶ プロパティ ▶ 全般タブ**

おもに、ゴミ箱、一時ファイル、エラーログなどを削除

ク（C）」を右クリック→「プロパティ」→「ディスクの
クリーンアップ」（ウィンドウ中央付近に表示）→「削除
するファイル」欄から、削除するものを選択してチェック
をつける→ OK。


②ドライブの最適化

　ディスクのクリーンアップと並んで有効なのが、ドライ
ブの最適化（デフラグ）です。これは、長く使っているう
ちに生まれた、断片化データを整理・最適化し、動作性能
を改善してくれる機能です。

　やり方は以下のとおりです。

　「Windows」キー＋「E」→ PC →「ローカルディス
ク（C）」を右クリック→「プロパティ」→「ツール」タ
ブ→最適化→「ドライブの最適化」ウィンドウが開く→
「C ドライブ」を選択し、「最適化」ボタン。


　ちなみに、この「最適化」は、「設定の変更」ボタンか
ら、定期実行されるようスケジュール設定しておくことを
おすすめします。


　人の体もパソコンも、こまめに手入れをしておけば、性
能は長持ちしますし、トラブルも格段に減ります。定期的
にメンテナンスすることを心がけていきましょう。

## ドライブの最適化の手順

**Windowsキー+E ▶ PC ▶ ローカルディスク(C) ▶ 右クリック ▶ プロパティ ▶ ツールタブ**

▼

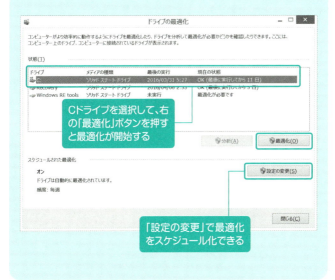

第 **1** 章

# マウスを使わず
# 仕事を
# 10倍速くする!
## 作業効率化編

仕事中にパソコンを操作する際、マウスを使っている人は多いと思います。しかし、キーボードから一度手を離し、マウスに持ち替えてカーソルを動かしクリック、またキーボートに手を置く、という一連の動作は、あなたの作業効率を著しく下げる原因になります。

そこで、便利なのが「ショートカットキー」。これをマスターすれば、いちいちマウスを使わなくてもキーボードだけでパソコンを操作することができるようになります。一度の動作で短縮できる時間はわずかですが、1日積み重ねると、かなりの時間を生み出すことができるのです。

とはいえ、ショートカットキーの種類はものすごく多いため、すべて覚えることは難しい。

そこで、本章では、ビジネスパーソンにとって「よくある作業」にかかる時間を短縮するためのワザを厳選して紹介していきます。

# PC操作の速さの秘密は手の置き方にあった！

キーボードをバシバシ叩いているのに、なぜか作業スピードが上がらない人がいます。社会人最初の会社から外資系コンサルティング会社に移ったころの私がそうでした。

それまでPC操作のスピードには、それなりの自信があったのですが、はじめて配属されたプロジェクトで出会った先輩コンサルタントのあまりの速さに衝撃を受けました。マウスをいっさい使うことなく、ほぼショートカットキーだけでパソコン操作をしていたのです。あるとき、ふと画面を覗き込んでみると、ものすごい速さで画面が移り変わっていたのには驚かされました。

そして、その先輩の仕事をする姿は、ただ速いだけではなく、静かでとてもスマートに見えました。

私はそれ以来、1日でもはやく先輩に追いつきたいと思い、毎日コツコツとショートカットキーの習得に励みました。するとそのうち、最も効率的にショートカットキーを繰り出させる「手の置き方」の存在に気づきました。

それは、次ページの図のように、両手をキーボードの両サイドの縁に置いておくというものです。

具体的には、左手は「Alt」と「Tab」、右手は「上下左右」キーか「Ctrl」と「Enter」の位置に置いておくと、あらゆる状況に柔軟に対応できるようになります。

　よく、左手の人差し指を「F」、右手の人差し指を「J」キーの位置に置くとタイピングが速くなると言いますが、これはあくまで「タイピング」の話。仕事ではタイピング以外にも、さまざまな機能を使いますから、こちらの手の配置のほうが、仕事全体のスピードは格段に上がるのです。

　これから、仕事のスピードを上げるショートカットキーをたくさんご紹介していきますが、この手の配置のしかたがすべてのベースになりますので、覚えておいてください。

　もちろん、入力内容や操作目的によって、自分なりのカスタマイズをすることも可能です。

　手の置き方ひとつでこれほどまで作業効率が変わってくることに、きっと驚かれることでしょう。

# タスクバーから
# アプリケーションを
# 瞬間起動する

　私はかなりのせっかちです。カップラーメンをつくる3分間すら待てず、お湯を入れてすぐ、固い食感のままバリバリいってしまうくらいです。

　これは、パソコン作業でも同じで、私は仕事で使いたいと思ったアプリケーションは、最短で立ち上げたいと思っています。とはいえ、デスクトップ上は、すっきりさせておきたいので、よく使うアプリケーションのショートカットをデスクトップに置いておくのは好きではありません。

　そこで私は、最も使用頻度の高いアプリケーションのアイコンを「タスクバー」に置くようにしています。

　タスクバーとは、通常、ウィンドウズ画面のいちばん下にある、スタートボタンやアイコンなどが表示されている細長いスペースのことです。

　ここにアイコンを表示させる方法はかんたんで、**アプリケーションのショートカットをタスクバーの好きな場所にドラッグ・アンド・ドロップするだけ。**

　これを使ってアプリケーションを一発起動させるには2つの方法があります。

　1つは、左から数えた並び順の数字と「Windows」キーとの組み合わせで起動する方法です。

　たとえば、いちばん左に登録したアプリケーションを起

## アプリケーションをタスクバーに登録する

### 設定手順

- アプリケーションのショートカットを、タスクバーの任意の位置にドラッグ・アンド・ドロップ

### 起動手順

- 数字キーで指定する方法 ▶ ⊞ + (タスクバー番号)
- 左右キーで指定する方法 ▶ ⊞ + T ← →

10個目までは数字キーで指定

11個目からは
左右キーで指定

1 2 3 4 5 6 7 8 9 0

---

動させようと思ったら、**「Windows」キーと数字の「1」を同時に押すと瞬時に立ち上がります。**

　もう1つは、「左右」キーと「Windows」キーとの組み合わせで選択して起動する方法です。この場合、**「Windows」キーと「T」を同時に押し、その後、指を離し「左右」キーで目的のアプリケーションを選んで起動させます。**

　数字指定で起動させるよりもひと手間かかりますが、タスクバー上の並び順が左から10を超える場合や、複数のファイルやフォルダが開いている場合には、こちらの方法のほうが便利です。ちなみに私の場合は、タスクバーの左からメモ帳、ブラウザ、スニッピングツール、Googleドライブ、会計ソフトなどを登録しています。

# よく使うアプリケーションを一発起動する

　前述の、タスクバーによく使うアプリケーションのショートカットアイコンを置く方法は、大変便利なのですが、10個以上置くと、数字キーを使って起動することができないものが出てきてしまいます。

　ですから、私はタスクバーには10個までしかショートカットを置かないようにしています。

　しかし、日常的に使用するアプリケーションやファイルが10個以上ある、という人が大半でしょう。

　そこで、私がやっているのは、タスクバーに置ききれなかったアプリケーションをWindows OSにもともと備わっている「ランチャー機能」を使って起動させる方法です。

　ランチャー機能とは、アプリケーションのショートカットを管理する機能のことです。じつは、この機能を使うと、自分オリジナルのショートカットキーがつくれるのです。

　方法はかんたん。スタートメニューから、ショートカットキーをつくりたいアプリケーションのアイコンを右クリックし、プロパティを開きます。そこで「ショートカットキー」欄に任意の文字を登録すれば完了です。

　たったこれだけの作業で、その瞬間から「Ctrl」＋「Alt」と登録した文字を押すだけで、立ち上げたいアプリ

ケーションが瞬時に起動するようになります。

ちなみに登録する文字はできるだけ覚えやすいものがおすすめです。私の場合、エクセルなら「E」、ワードなら「W」というように、アプリケーションの頭文字を使っています。もちろん、オフィスソフトだけではなく、メモ帳やブラウザなど、日常よく使うアプリケーションすべてを登録しています。

時間も手間もお金もかからないのに、これだけで、仕事の作業効率がずいぶん変わってくるので、ぜひ試してみてください。

# たまにしか使わないものは、スタートメニューから起動する

毎日使うわけではないけれど、ときどき使いたいアプリケーションや設定機能があると思います。

でも、ときどきしか使わないので、使おうとするたびにどこにしまったか忘れてしまい、探すのに苦労する……。

でも、タスクバーにショートカットを置くほどでもないし、ランチャー機能でショートカットキーを設定しても、頻繁に使用しないので、登録したアルファベットを忘れてしまう……。

そんなとき、目的のアプリケーションや設定機能に最短でたどりつくためには、「スタートメニュー」から選択する方法がおすすめです。スタートメニューと聞くと、あたり前すぎてつまらない感じがしますが、じつはこの機能、ものすごく便利なんです。

スタートメニューは文字どおり、あらゆるパソコン作業の基点となります。**どんな状態からでも「Windows」キーを押せばスタートメニューが一瞬で開き、その後「上下左右」キーでアプリケーションや設定機能を選択していくことができます。** また、アイコンだけでなく、アプリケーション名も一緒に表示されますので、頻繁には使わないけれど、定期的に必要になるアプリケーションをしまっておくには最適です。

## スタートメニューの活用法

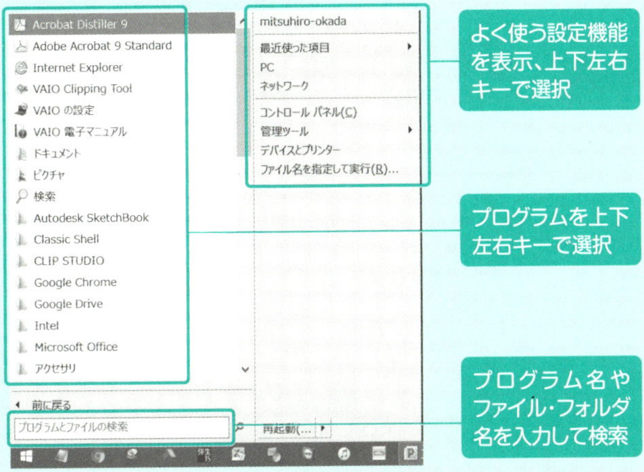

| | |
|---|---|
| Acrobat Distiller 9 | mitsuhiro-okada |
| Adobe Acrobat 9 Standard | 最近使った項目 ▶ |
| Internet Explorer | PC |
| VAIO Clipping Tool | ネットワーク |
| VAIO の設定 | コントロール パネル(C) |
| VAIO 電子マニュアル | 管理ツール ▶ |
| ドキュメント | デバイスとプリンター |
| ピクチャ | ファイル名を指定して実行(R)... |
| 検索 | |
| Autodesk SketchBook | |
| Classic Shell | |
| CLIP STUDIO | |
| Google Chrome | |
| Google Drive | |
| Intel | |
| Microsoft Office | |
| アクセサリ | |
| ◀ 前に戻る | |
| プログラムとファイルの検索 | 再起動(... ▶ |

**よく使う設定機能を表示、上下左右キーで選択**

**プログラムを上下左右キーで選択**

**プログラム名やファイル・フォルダ名を入力して検索**

アプリケーションやその他機能などは、これ以外にもいろいろな方法で起動することができますが、ここまで紹介した「タスクバー」「ランチャー機能」「スタートメニュー」に集中させたほうが、トータル面での効率性は上がります。

これがうまく使いこなせるようになれば、パソコン上での「迷い」がなくなり、仕事が格段に速くなります。また、結果的にマウスを使わなくなるので、間接時間が削減され、爆速ワークが実現しやすくなるのです。

ちなみにWindows 8 の誕生以降、スタートメニューは廃止されたり復活したりと不安定な様子を見せていますが、206 ページで詳述する「Classic Shell」という無料ツールを使えば、上図のようなWindows ＸＰや7 風の使い慣れた画面に設定できるので、おすすめです。

# 同時に開いている複数の ファイル・アプリケーション を瞬時に切り替える

　夢中で仕事をしていると、気づいたらたくさんのアプリケーションやファイルが立ち上がっていて、必要な画面になかなか切り替えられない、ということがよく起こります。

　これでは、集中力が途切れてしまいますし、ミスも起こりやすくなります。途中で割り込みの仕事が発生すると、前の作業を忘れてしまうといったことにもなりかねません。

　そんなときにおすすめしたいのが、ショートカットキーを使ってファイルやアプリケーションを瞬間的に切り替える方法。複数のファイルを同時に扱う場合は、絶対に覚えておきたいワザです。

　代表的なショートカットキーは、以下の3つです。

① 「Alt」＋「Tab」：選択画面が現れるので、「Alt」を押したまま「Tab」を何度か押し、目的のファイルやアプリケーションを選択します。目で見ながら確認できるので、わかりやすく、私自身もよく使っています。

② 「Alt」＋「Esc」：選択画面を表示させず、直接画面を切り替える方法です。開いているファイルやアプリケーションの数が少なければ、こちらのほうがよりはやく目的の情報へ到達できることでしょう。

③「Ctrl」+「F6」：同一アプリケーション間のみで、切り替えができます。複数のエクセル画面間をいったりきたりする場合などに、とても便利です。

これらのワザを瞬時に繰り出すことができるようになれば、仕事の効率が格段に上がるだけでなく、必要な情報を画面上ですぐに確認できるようになるため、自然と紙を出力する機会が減り、ペーパーレスの促進にもつながります。

# マウスを使わず ウィンドウを 自由自在に動かす

あなたは、画面上のウィンドウを動かしたいとき、どのようにしていますか？「マウスを使ってドラッグする」という人がほとんどだと思いますが、じつは、ウィンドウは、キーボード操作で移動させることもできるのです。

たとえば、**なんらかのウィンドウが開いている状態で、「Windows」キー＋「左」または「右」キーを押すと、ウィンドウが画面の左右の端にピタッとくっつきます。**

このワザは、2つのファイルを見比べながら作業したいときにとても便利です。

**より細かく動かしたいという場合には、元のサイズの状態（最大化されていない状態）で、「Alt」＋「スペース」→「M」を押します。すると、ウィンドウ上部に矢印マークが表示され、「上下左右」キーで自由に移動することができるようになります。希望の位置に移動したら「Enter」を押して完了します。**

これは、マウスに持ち替えるほどでもない、ちょっとした微調整などを行う場合に大変便利です。

さらに、キーボードでウィンドウのサイズを変更することもできます。**最大化するには元のサイズの状態から「Windows」キー＋「上」キー、最小化するには「Windows」キー＋「下」キーを押します。**

044

　ウィンドウのサイズをより細かく変更したい場合には、「Alt」+「スペース」→「S」を押すと中央に矢印マークが出現しますので、「上下左右」キーでサイズ変更することができるようになります。

　その他、「Windows」キー+「Home」を押すと、作業中のウィンドウ（最前面）以外すべてを瞬時に最小化できます。たくさんのアプリケーションが開いている状態で実行すると、不要なウィンドウが瞬時にタスクトレイに収まるので、進行中の作業に集中できるようになります。

# ファイルの保存場所は「パス」で共有する

「あの資料ってサーバーのどこにあったっけ？」
「○○フォルダのなかにある△△に入ってます！」

グループウェアが発達したとはいえ、多くの職場で、まだ見られる光景かと思います。

このようなやりとりを、よりスマートに行うには「¥¥main¥marketing¥に入ってます！」といったように、具体的なファイルやフォルダの「パス（保存場所の情報）」を、メールなどで伝えてあげるといいでしょう（通常、パスは画面上部のアドレスバーに表示されます）。

パスをコピーする際は、フォルダが開いている状態で「Alt」＋「D」を押してアドレスバーにカーソルを移動させ「Ctrl」＋「C」を押します。

パスを教えてもらったら、「Windows」キー＋「R」を押すと、「ファイル名を指定して実行」が開くので、そこにパスを「Ctrl」＋「V」で貼り付け（手入力でもOK）、OKを押すと、いっきに該当フォルダが開きます。

この「ファイル名を指定して実行」という機能は、ファイルやフォルダのほかにも、ウェブサイトやプログラムを直接起動させることもできるので、大変便利です。

また、同様のことは、「Windows」キーで起動する、スタートメニューの「プログラムとファイルの検索」という

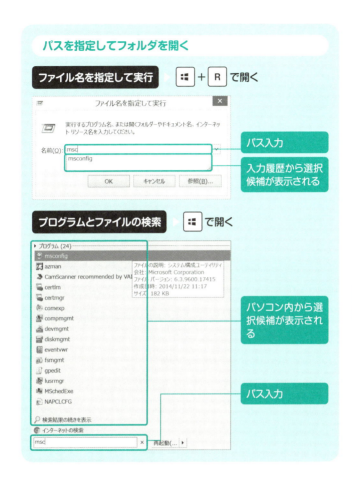

機能を使っても行えます（Classic Shellの使用が前提）。

パスやアプリケーションの履歴から選択したい場合は「ファイル名を指定して実行」、アプリケーションやフォルダの名称で検索するには「プログラムとファイルの検索」、といったかたちで使い分けるといいでしょう。

# キーボードで右クリック操作を行う

　マウスを使わずすべての操作をキーボードで行おうとした場合、ネックになるのが右クリックです。

　じつは、この操作もキーボードで行うことができます。

　それは、「アプリケーション」キーを使う方法です。

　パソコンの機種によってはない場合もありますが、多くの場合、キーボード中央右下あたりにあると思います。（四角形のなかに横線が3本入ったデザインのものもあります）。じつは、それを押すと右クリックと同様の機能が使えるのです。

　さらに「Shift」を押しながら「アプリケーション」キーを押すと、通常の右クリック機能に加えて、いくつかの追加機能も使えるようになります。

　とくに、ファイルやフォルダを選択した状態でこの操作を行うと「パスのコピー」という機能が使えて大変便利です。

「パスのコピー」とは、前項で紹介した、ファイルやフォルダの格納場所を示す文字列を、マウスを使って選択しなくてもコピーできる機能です。そのあと「Ctrl」+「V」でメールなどに貼り付けることができます。

　お使いのパソコンに「アプリケーション」キーがない場合は、「Shift」と「F10」を押せば、同様の機能を使

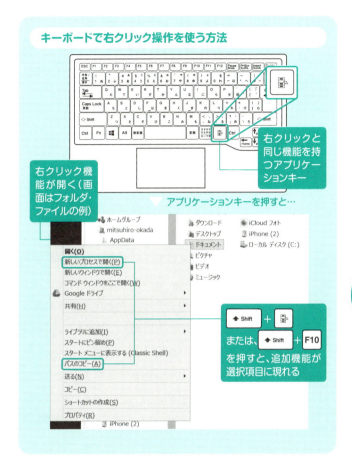

## うことができます。

　この機能は、アプリケーションやデスクトップ上はもちろんのこと、ファイルやフォルダを扱う際に大変便利ですので、ぜひ覚えておいてください。

　ちなみに、本書で「右クリック」と表記した箇所は、すべて「アプリケーション」キーで操作することができます。

# 電源を落とさずに、0.1秒でパソコンにロックをかける

　休憩時間やトイレなどで離席するとき、パソコン画面を開いたままにしている人も多いと思います。

　なかには「アカウント情報」や「人事情報」など、重要な情報が誰でも覗ける状態のまま放置されているのを目にすることもあります。取引先など外部の人が、訪問時に偶然、そのようなシーンに出くわしてしまうと、その会社全体のセキュリティレベルに疑いを持たれかねません。

　情報犯罪は今後ますます増えてくることが予想されるため、「これくらい大丈夫」とは思わず、できるだけセキュリティへの意識は持っておいたほうがいいでしょう。

　とはいえ、そのたびにパソコンの電源を落としていたら時間がいくらあっても足りません。

　「ディスプレイの電源だけを落としたり、スリープモードにすればいいのでは？」と思った人もいるかもしれませんが、これではセキュリティは万全とは言えません。

　そこで便利なのがコンピューターの「ロック」機能です。これは「ログオフ」や「休止状態」とは異なり作業内容を中断することなく、ただ画面をロックする機能です。**「Windows」キー＋「L」を押すだけで瞬時に画面をロックすることができ、ログオンパスワードを入力することで、瞬時に元の状態で作業を再開することができます。**

　とくに、途中で中断できない重要データのバックアップやメールの一括送信時など、長時間に渡る作業中、離席する場合などに大変便利です。

　また、プレゼンテーションの開始待ちや準備の間など、ちょっとしたタイミングでうまく使うことができれば、聴衆にスマートな印象を与えることでしょう。

　地味なワザではありますが、アイデア1つでいくらでも用途が広がりますので、ぜひふだんのビジネスシーンで活用してもらえればと思います。

# いま見ている画面を そのままコピーする

　相手にパソコン画面を見せればすぐに終わるのに、メールや電話でなかなか意図が伝わらずに困った、という経験はないでしょうか？

　そんなときおすすめしたいのが、いまあなたが見ているパソコン画面をそのままコピーするワザです。

　**コピーしたい画面を開いた状態で「PrtScn」を押すと、パソコン画面全体がコピーされた状態になります。** その後パワーポイントなどオフィスソフトに貼り付けることができます。もしファイルとして保存して使いたい場合には、画像上で右クリックし「図として保存」を選択、保存先を指定したあとに「保存」ボタンを押します。

　パソコントラブルなどの際、ありのままの画面状態を専門家に知らせるときなどに大変便利です。

　**ちなみに、同じ状況で「Alt」+「PrtScn」を押すと、いちばん手前にあるウィンドウだけがコピーされます。**

　たとえば複数のアプリケーションを開いていて、いちばん手前のフォルダ画面を素材として使いたい場合などに最適です。パソコン画面が掲載されたマニュアルを作成するときなどに使われます。

　さらに、画面の必要箇所だけ切り取ってコピーしたい場合には「スニッピングツール」がおすすめです。

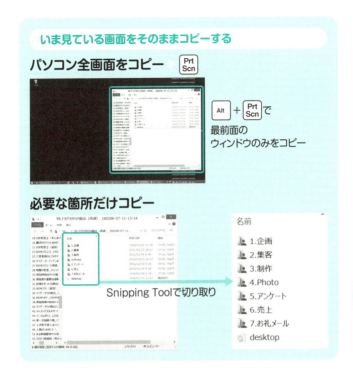

「Windows」キー＋「R」で「ファイル名を指定して実行」を起動、「Snipping Tool」と入力し、OKを押します。アプリケーション上の「新規作成」を押すと、画面全体が霧がかった状態になり、コピーしたい箇所だけドラッグ操作で切り取り選択することができます。

先の2つの方法よりは解像度が落ちますが、保存時の容量も軽く、手軽に切り取りコピーができるので、人への伝達用やちょっとした説明資料の作成などに最適です。

資料作成の機会が多い人は、タスクバーに登録しておくことをおすすめします。

# 仕事中、頭を混乱させない「デスクトップ」の使い方

パソコン内の複数の場所に保存されたファイルを扱っているうちに、どれがどのファイルだったかがわからなくなってしまうことがあります。

また、作成したファイルをデフォルト指定された場所に保存してしまい、その後どこにいったのかわからなくなってしまうこともあるかと思います。こういったトラブルがあると、集中力が途切れてしまいますよね。

こういった混乱を防ぎ、効率よく仕事を進めていくためには、**いま必要なファイルのみを、デスクトップに「一時保存」する方法がおすすめです。**

デスクトップに集約しておけば、複数のアプリケーションが開いている状態でも必要なファイルをすぐに見つけることができるからです。

私の場合、ふだんデスクトップにはいっさいのファイルを置かず、その都度タスクに必要なファイルだけを一時保存するようにしています。そうすることで、いま自分は何をしているのか、これから何に集中すべきなのかが、瞬時に判断できるようになります。

何かあればデスクトップに立ち返って状況を確認するクセをつけておけば、作業中に混乱することがなくなり、作業効率が驚くほど上がることでしょう。

### すべてのウィンドウを閉じる・元に戻す

　ちなみに、「Windows」キーと「D」を同時に押せば、瞬時にデスクトップを開くことができます。

　私はこれまで多くの人のデスクトップを見てきましたが、デスクトップの使い方は人それぞれ。

　誰が見てもわかるようきちんと管理している人がいる一方、なりゆきまかせにさまざまなファイルやアプリケーションのショートカットを置いているために、自分でもわけがわからなくなっている人もたくさんいます。

　「デスクトップを見れば、その人のワークスタイルや生産性がわかる」と言っても過言ではありません。

# フォルダの中身を ボタン1つで 常に最新に保つ

「あれっ、あるはずのファイルが見あたらない」
「おかしいな、そんなことはないはずなんだけど……」

 オフィスではときどき、こういった"些細な行き違い"が起こります。
 こういったケースでは、たいていファイルを利用する側がフォルダ更新を行えば、解決する場合がほとんどです。
 **更新の方法はかんたん。「Ctrl」＋「R」、または「F5」を押すだけです。** 更新すると、フォルダの優先項目の並び順ルールにしたがってファイルの並び順が変わり、最新の状態になります。
 この操作はフォルダだけでなく、ブラウザ表示にも適用することができるので、私自身も重用しています。
 とはいえ、ふだんパソコン操作に慣れているはずの私ですら、ときどき更新するのを忘れて、

岡田　　：「あれAさん、お願いしていたウェブページがまだ修正されてないみたい……」
Aさん　：「岡田さん、ページ更新してみてください！」
岡田　　：「Ctrl」＋「R」でブラウザを更新。
岡田　　：「あっ、ごめん、ちゃんと修正されてた!!」

　こういったやりとりが交わされることもあるくらいなので、日ごろの地道な意識づけが必要です。

　このような行き違いがなくなるだけで、あなたの仕事の効率は大幅にアップします。
　マメにフォルダやブラウザページを更新するよう、意識しながら仕事に取り組んでください。

# 細かい設定が一瞬でできる！
# 何かと便利な
# 「設定チャーム」

　私はふだん、リュックサックを背負い、カフェ間を走って移動しながら仕事をしています。カフェに入るとすぐノートパソコンを開くのですが、そのたびに無線ネットワークへの接続作業が発生します。

　無線ネットワークを選択するためには、通常マウスを使って画面右下のタスクトレイのアイコンからネットワークを選択するので、これがけっこう面倒くさい……。
　私はパソコンを開いたら、できるだけ速やかに仕事・集中モードに移りたいので、ショートカットキーを使ってネットワークを選択・接続するようにしています。
　**具体的には「Windows」キーと「I」を押すと、「設定チャーム」が開くので、そこからWi-Fiのアイコンを選択して「Enter」を押すだけです。**
　慣れれば瞬時に行うことができるようになり、マウス操作のストレスをゼロにすることができます。ちなみに、これはWindows8限定の機能ですのでご注意ください。

　「設定チャーム」では無線ネットワークへの接続以外にも、コントロールパネルや個人設定、システム情報、電源、音量調整などの管理ができるので、さまざまなシーン

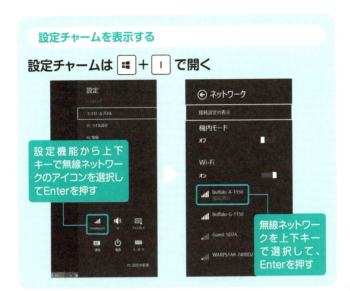

で重宝します。

　私は、作業効率を上げ、パソコン操作のストレスから解放されるため、ブラウジングや一部の作業を除いて、ふだんから極力マウスを使わないよう意識しています。

　意識せずに仕事をしていると、つい直感的に扱えるマウスに頼ってしまいがちですが、ショートカットキーの扱いが身につくにつれ、驚くような解放感に包まれていくことでしょう。

　小さな積み重ねが、やがて大きな成果を生むようになるのです。

# デスクトップ右下のあれ。「タスクトレイ」をキーボードで操作する

　いろいろな人から「なぜ岡田さんはそれほどまでショートカットキーにこだわるのですか？」と聞かれることがあります。たいていは「趣味なんです」と冗談めかして答えますが、じつのところ、思考に手元の作業が追いつかないことで、集中力が切れてしまうのを避けたいというのが本当の理由です。

　マウス操作はその過程で「マウスを手に取る」「マウスを操作し、ポインタを目的の場所まで移動する」という間接動作が入るため、どうしても、直接命令を下せるキー入力のスピードにはかないません。

　ご存じの人も多いと思いますが、パソコンのデスクトップ上のほぼすべての機能は、マウスを使わずキーボードのみで操作することが可能です。

　ただ、「タスクバー」や「ウィンドウ」をキーボードで操作する方法は比較的知られていますが、「タスクトレイ（通知領域）」のアイコンをショートカットキーで操作する方法は、あまり知られていません。

　タスクトレイとは、画面の下のタスクバーの右側にある、無線ネットワークやスピーカー、電源設定、日本語入力アプリケーション、スタートアップ（OSの起動と同時

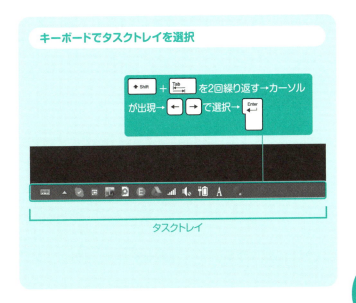

に起動するアプリケーション）のアイコンなどが集約されている場所のことです。

これをキーボードで操作する方法はかんたんで、**デスクトップ画面が開いている状態で、「Shift」を押しながら「Tab」を2回押し、「左右」キーを使って、操作したい機能のアイコンを選択するだけです。**

小さなワザですが、これを知っておけばデスクトップ上の操作のほとんどが、キーボードで行えますので、より仕事が効率的になります。ぜひ、使ってみてくださいね。

# パソコン内の探し物はエクスプローラーにおまかせ！

パソコンを使って行う作業は、ビジネス文書の作成や表計算だけではありません。オフィスソフトを使った資料作成やメール、PDFファイルの閲覧、なかには、写真の加工や映像、音楽の編集などをする必要がある人もいるかもしれません。

このように、同時にいろいろなメディア、ファイルを開きながら作業をしていると、途中で必要なファイルがどこかにいってしまうことがあります。

とくに、パソコン操作が不慣れな人にとっては、これが、大変な時間のロスやストレスになるようです。

そういった状況に陥った場合には、「エクスプローラー」から探すことをおすすめします。

**エクスプローラーは「Windows」キー＋「E」を押せば、一瞬で立ち上がります。**

エクスプローラーとは、かんたんにいうと、パソコンの中身をすべて見ることができ、必要なファイルやソフトが、ジャンルごとに収まっている場所のことです。

エクスプローラーには、ダウンロードファイルやドキュメント、写真、動画、音楽など、1つの成果物を作成するのに必要なファイルが網羅的に収まっており、「階層」を意識しながら目的の情報までたどり着くことができます。

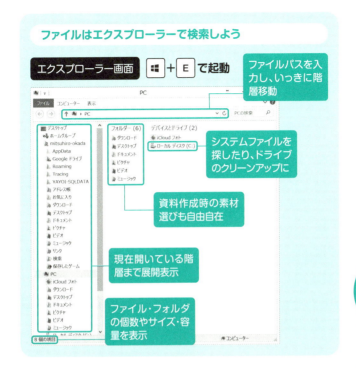

また、検索しやすいため、ファイルの保存場所としても便利です。

余談になりますが、最近ではパソコン内のファイルを「検索機能」を使って見つける人が増えている気がします。しかし、検索機能に頼りすぎると、「階層」を意識しなくなり、情報整理に必要な構造化の思考が身につかなくなってしまうと私は思います。つまり、「検索すればいいや」と整理する習慣がなくなってしまうということです。

もちろん、検索機能のほうが便利な場合もありますので、状況によって使い分けられるとよりいいと思います。

# ショートカットキーで システム情報を 参照する

　めったにないことですが、パソコンの買い替え時期の検討や、ほかのマシンとの性能比較など、自分が使っているパソコンのOSや性能などを確認する必要が出てくるときもあるかと思います。

　**そんなとき、「Windows」キー＋「Pause/Break」を押すと、瞬時に「システム情報」のウィンドウが開き、「OSのバージョン」や「プロセッサ（CPU）の種類」「実装メモリの大きさ」といったシステム関連の情報を確認することができます。**

　また、サイドメニューからは、パソコンを構成する部品や周辺機器を管理する「デイバイスマネージャー」や「システムの詳細設定」を「Tab」で移動して選択することもでき、私は重宝しています。

　**さらに、そこから「Back Space」を押せば、Windowsの各種設定を行うことができる「コントロールパネル」が開きます。**こちらは、よく使うという人も多いのではないでしょうか。

　「Windows」キー＋「Pause/Break」→「Back Space」を覚えておけば、ほかのどの方法よりも最短でコントロールパネルにたどり着くことができます。

　こういった、作業に直接関係のないショートカットキー

は、つい後まわしにされがちですが、覚えておけば、ITトラブルを未然に防いだり、適切なタイミングでOSのアップデートをすることができるようになります。

　パソコンは人の体と同じで、ふだんから状況を把握したうえで、適切なメンテナンスをほどこす必要があります。

　システム情報は、あなたのパソコンがどのような仕様・性能になっているかを把握するための最も基本的な情報ですので、ぜひ覚えておいてもらいたいと思います。

第**2**章

# 文字入力が驚くほどラクになる！

## 文書作成編

仕事でパソコンを使う人の多くは、日報や提案書、企画書、契約書、メール作成など、文書作成に毎日膨大な時間をとられているのではないでしょうか?

こういった作業にかかる時間を短縮することができれば、大きな時間を手に入れることができます。

本章では、Windowsの日本語入力ソフトである、IMEにまつわる時短ワザ・便利ワザを中心に、文字入力の手間を劇的に減らす方法を紹介していきます。

文書作成と聞くと、「ワード」を思い浮かべる人も多いと思いますが、ここで紹介するワザは、ワードだけではなく、日本語を入力する必要のあるさまざまな場面で使うことができますので、日々の仕事に幅広く役立ちます (なお、ワードに関するワザは、第4章で解説します)。

# 文書作成時、カーソルを行頭・行末に瞬間移動させる

　通常、文書を作成する場合には、カーソル位置を始点として文字入力していくことになりますが、文章を修正する際など、カーソル位置の移動が頻繁に起こります。

　よく、カーソルを移動させるために、「スペース」キーや「左右」キーを連打している人を見かけますが、これでは時間がかかってしまいます。

　じつは、このカーソル移動を、よりスマートに、より効率的に行うワザがあります。

　それは、「Home」キーと「End」キーを使う方法です。

　**文書作成時、「Home」を押すと、現在のカーソル位置から行頭に移動、「End」を押すと行末まで一気に飛ぶことができます。**

　**さらに、上記のキーと「Ctrl」を組み合わせると、文頭または文末に一瞬で移動することができるのです。**

　ちなみに、キーボードの機種によっては「Home」の代わりに「Fn」＋「左」、「End」の代わりに「Fn」＋「右」でも同じことができるものもあります。

　どうです、めちゃくちゃかんたんでしょう？　これが案外知られていなかったりします。

## カーソルを瞬間移動させるショートカットキー

**Ctrl + Home** を押すと、文頭にカーソルが移動

行内で **End** を押すと、行末にカーソルが移動

6. カーソルを行頭・行末に瞬間移動させる（Win）。
仕事でパソコンを使う人の多くは毎日膨大な時間を文章作成にとられているのではないでしょうか？通常、文章を作成する場合には、カーソル位置を始点として文字入力していくことになります。文章作成の状況によっては、このカーソル位置の移動は頻繁に起こることでしょう。実際に、カーソル移動させるのにスペースキーや左右キーを連打している人を時々見かけます。

このカーソル移動そのものに掛かる時間はごくわずかかかもしれませんが、積み重なるとそれなりに大きな時間とになります。したがって、こういった一見地味に見える作業を効率化することができれば、より長期的な時間の節約につながるはずです。

そこで、このカーソル移動を、よりスマートに、より効率的に行う方法があります。

行内で **Home** を押すと、行頭にカーソルが移動

**Ctrl + End** を押すと、文末にカーソルが移動

私も新人時代にこのワザを知っておけば、もう少し要領よく仕事を終わらせることができていたかもしれません。

これは、どのアプリケーションでも使える方法ですので、ぜひ、テキスト入力時の必須スキルとして、完全マスターしてもらえればと思います。

カーソル移動そのものにかかる時間はごくわずかかかもしれません。しかし、それが積み重なると大きな時間ロスにつながります。一見地味に見える作業の効率化を積み重ねることが、最終的に大きな時間を生み出すことにつながるのです。

# 文章や文字をマウスを使わず意のままに選択する

Trick 023
7分短縮

　文書作成の作業中、カーソル移動に次いで多いのが、文字の選択ではないでしょうか？　このとき、多くの人がマウスを使いドラッグしていると思います。しかし、これでは効率が悪いですし、選択ミスも起こりやすくなってしまいます。

　そんなときに便利なのが、文字や文章をキーボードで一発選択する方法です。

**「Shift」を押しながら「左右」キーで文字選択、「上下」キーで複数行を選択することができます。**

**また、「Shift」を押しながら「Home」または「End」を押すと行頭・行末まで選択することができ、さらに「Ctrl」を同時に押せば、文頭や文末まで選択することも可能です。**

　これら選択のワザは、オフィスソフト共通で使うことができ、特定文字をコピー＆ペーストしたり切り貼りするときなど、さまざまな文章編集のシーンで活用することができます。私の場合、とくにエクセルでセル内の文字を選択する際に重宝しています。

　オフィスソフトをよく使う人でも、意外とこの「Home」「End」や「Ctrl」との組み合わせで選択する方

## キーボードで文字や文章を選択する

法については、知らなかったりします。

　このワザを身につければ、作業ストレスは驚くほど減り、文書作成にかかる時間を大幅に短縮できることでしょう。無意識でできるようになるまで、繰り返し練習することをおすすめします。

# よく使う言葉は「辞書登録」しておこう

あなたは、これまでの仕事人生で、いったいどれくらい「お世話になっております。」や「よろしくお願い申し上げます。」という言葉をパソコンに入力してきたでしょうか？

私たちは毎日、何度も何度も同じ言葉をパソコンに入力しています。もし、こういった言葉を入力するのにかかる手間を軽減することができれば、有効に使える膨大な時間を手に入れたことになるはずです。

それを実現するには、「辞書ツール機能」を活用します。ここによく使う言葉を登録しておけば、2、3文字入力するだけで、任意の言葉や単語に変換してくれるのです。

また、入力量が減ることで、打ち間違いの削減にもつながることでしょう。

**登録の方法は、アプリケーションの種類にかかわらず、日本語が入力可能な状態で「Ctrl」+「F10」を押し、IMEのメニューから「単語の登録」を選択します。**

**そして、「単語の登録」画面で、「単語」の欄に表示させたい言葉を、「よみ」の欄には入力する文字を、それぞれ入力すれば登録完了です。**

たとえば、私の会社「クロネコキューブ（株）」であれば、「単語」の欄に「クロネコキューブ（株）」、「よみ」の欄に「くろ」などと登録すれば、「くろ」と入力しただけ

で、変換候補に「クロネコキューブ（株）」という単語が表示されるようになります。

ちなみに私の場合は、「名前」や「連絡先」「住所」「会社URL」のほか、よく使う「定型文」など、300以上の言葉を辞書ツールに登録しています。

# 入力文字をボタン1つでカタカナや英数字に変換する

キーボードで日本語の文章を打つ際は、ほとんどの人が、ローマ字入力を使っていると思いますが、これには、アルファベットを日本語に変換する、というステップが必要です。日本人は、アルファベットを打ち込むだけでそのまま言葉にできる英語圏の人に比べて、どうしても文書作成に時間がかかってしまうのです。

さらに、日本語には、ひらがな、カタカナ、漢字など、さまざまな種類の文字があるため、変換する手間もかかります。

じつは、日本語入力のアプリケーションであるMicrosoft IMEには、この文字変換を少しでも効率化し、ミスを減らすためのさまざまな変換機能が備わっています。ここでは、そのなかから、入力した文字をカタカナや英数字に一発変換するワザを紹介しましょう。

たとえば、「ローマ字入力かな変換」の状態で、「くろねこきゅーぶ」とキーボード入力し、直後に「F6」を押すと、全角ひらがなに変換（確定）。
「F7」を押すと、全角カタカナ（クロネコキューブ）に。
「F8」を押すと半角カタカナ（ｸﾛﾈｺｷｭｰﾌﾞ）に変換されます。

## 入力文字をカタカナや英数字に一発変換

**「くろねこきゅーぶ」の入力例**

| 入力文字 | 変換キー | 出力文字 |
|---|---|---|
| くろねこきゅーぶ | F6 | くろねこきゅーぶ |
| | F7 | クロネコキューブ |
| | F8 | ｸﾛﾈｺｷｭｰﾌﾞ |
| | F9 | ｋｕｒｏｎｅｋｏｋｙｕ－ｂｕ |
| | 2回押すと… | ＫＵＲＯＮＥＫＯＫＹＵ－ＢＵ |
| | 3回押すと… | Ｋｕｒｏｎｅｋｏｋｙｕ－ｂｕ |
| | F10 | kuronekokyu-bu |
| | 2回押すと… | KURONEKOKYU-BU |
| | 3回押すと… | Kuronekokyu-bu |

さらに、「F9」を押すと全角英数（ｋｕｒｏｎｅｋｏｋｙｕ－ｂｕ）、「F10」を押すと、半角英数(kuronekokyu-bu)に変換されます。

また、「F9」や「F10」は押す回数によって、「小文字→大文字→先頭のみ大文字」と変換することができます。

いかがですか？　意外と知らないものもあったのではないでしょうか？　毎日使う機能だからこそ、「変換」機能を制して、ストレスフリーのタイピングライフを送ってくださいね。

# 誤って変換した文字をマウスを使わず修正する

パソコンに文字を入力していると、どんなに気をつけていても、必ず変換ミスが発生します。
「短期アルバイト募集」と入力したつもりが、誤って「短気アルバイト募集」と変換されてしまった、といった経験は、誰にでもあると思います。気づかずに貼り出して、怒りっぽい人しか応募してこなくなってしまったら大変です。

このような場合、多くの人が、はじめから文字を入力しなおすか、変換ミスをした文字をマウスで選択し、「変換」キーを押していると思います。しかし、確定直後であれば、文字を選択することなく再変換ができる方法があります。

**じつは、確定直後に「Ctrl」+「Back Space」を押すと、再変換可能な状態に戻すことができるのです。**

また、再変換する箇所を、選択した範囲のなかから細かく指定することもできます。

**たとえば、前述の方法で長めの文章を再変換可能な状態にした場合、「Shift」を押しながら「左右」キーを押すと、変換箇所の範囲を調整したり、変換箇所を移動させたりすることができるのです。**

このワザを身につければ、たくさんの文字を打ってから最後にまとめて変換・確定することができるようになり、頻繁に変換・確定を繰り返す必要がなくなります。

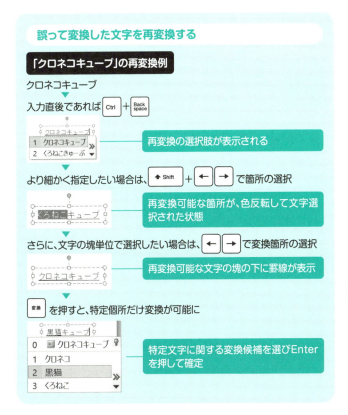

　文字入力の効率を上げたいのであれば、入力そのものを工夫するだけでなく、ミスを修正する方法も工夫することで、入力作業全体の生産性を上げることが大切。どれだけ気をつけても、ミスは必ず起こるものですので、その前提で物事を考えるほうが得策なのです。

　人生も文字入力も、何度でもやり直しがきくほうがいいですよね。ミスを気にせず、どんどん入力していきましょう。

# 郵便番号を住所に一発変換する

 あなたは、人からいただいた名刺をどのように管理していますか？ 机に置きっぱなしという人もいるでしょうし、卓上の名刺フォルダで管理している人、なかには名刺管理ソフトを使って管理している人もいることでしょう。

 私の場合、活用用途を広げたいので、いただいた名刺はすべて、エクセルでつくった名簿一覧に集約しています。

 当然の話ですが、そのためには、名刺の情報を一覧に入力する必要があります。しかし、名刺情報を1枚ずつ入力するのって、やっぱり面倒くさいですよね。なかでも住所の入力は本当に手間がかかります。

 そんなときに、手軽でいい方法があります。便利すぎて私が愛してやまない「郵便番号の住所変換機能」です。

 これは郵便番号を入力して「変換」キーを押すと、その番号に該当する住所を表示してくれる機能です。

 たとえば「658-0011」なら「兵庫県神戸市東灘区森南町」と変換してくれるということです。

 この機能を使うには、次の設定が必要です。

 スタート画面の虫メガネアイコンをクリック→検索ボックスに「IME」と入力→「Microsoft IMEの設定（日本語）」を選択→「詳細設定」ボタン→「辞書/学習」タブ→「システム辞書」の欄の「郵便番号辞書」にチェックを

### 郵便番号を住所に変換する

**事前登録の方法**

虫メガネアイコンをクリック → 検索ボックスにIMEと入力 → 「Microsoft IMEの設定（日本語）」→「詳細設定」→「辞書/学習」タブ → システム辞書の「郵便番号辞書」にチェックを入れる → OK

**郵便番号を住所に変換**

郵便番号を選択して → 変換キーを押すと → 住所が選択可能に！

658-0011 ▶ 変換 ▶
```
  兵庫県神戸市東灘区森南町
1 兵庫県神戸市東灘区森南町
2 658-0011
3 658-0011
```

入れる→ OK。これで準備完了です。

　この機能のおかげで私は名刺管理ソフトを使っていません。名刺ソフトに取り込んだあとの修正の手間を考えると、その都度手入力していくほうが短時間ですむからです。

　もちろん、この機能は、名刺入力以外にも、書類の作成やメールなど、さまざまな場面で活用することができます。ぜひ活用してみてください。

# 読み方が わからない漢字は 手書きで検索!

本や雑誌を読んでいて、「鯑（かずのこ）」や「衾（ふすま）」といった見慣れない漢字に出くわして、「あれ？ なんて読むんだったっけ？」と戸惑った経験はないでしょうか？ 紙面に記載されている文字は、読み方がわからなければネットでも検索しようがありません。辞書で調べる場合は、部首名か画数で探さなくてはならないため、時間がかかってしまいます。

そんなときに便利なのが、手書き入力で文字を探せるMicrosoft IMEの「IMEパッド」機能です。

**使い方はかんたんで、日本語入力が可能な状態で「Ctrl」+「F10」を押し「IME（P）」で「手書き」を押すと、「IMEパッド（手書き）」が開きます。**

たとえば、ここに表示される手書きエリアに、「にんべん」を使った漢字を書いていくと、途中で部首が判別されて、「仮」や「伊」など、だんだんそれに似た、漢字候補だけに絞られてきます。そして該当の漢字を見つけてマウスオーバーすると、音読みと訓読みがポップアップ表示されるのです。もし、読み方を知りたいだけでなく、その漢字を入力したい場合には、そのまま文字をクリックすれば、開いているアプリケーションに入力されます。

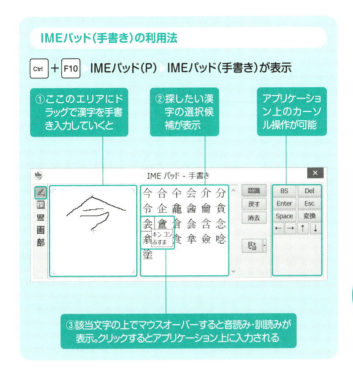

　私は、この機能をおもに名刺入力のシーンで活用しています。仕事柄、多くの人から名刺をいただくのですが、珍しい名前だったりすると、あとから名刺入力をするときに、読み方を忘れてしまっているということがよく起こります。

　そんなとき、このIMEパッド機能が大変役立つのです。

　この方法であれば、手書きでなぞるだけなので、短時間で目的の漢字の読み方を見つけることができるのです。

# 議事録作成に便利！
# メモ帳で現在の日時を瞬間表示する

　あなたは、パソコンでちょっとしたメモをとる場合、どのようなアプリケーションを使っていますか？

　世の中には気の利いたアプリケーションがたくさんあると思いますが、私はWindows標準の「メモ帳」を使っています。理由は起動が最も速く、軽快に動くからです。「メモ帳」は、かんたんなメモをとる場合だけでなく、議事録を作成したり、1人でブレストしたりするときなどにも役立ちます。あまりに便利すぎて、私にとって最も欠かせないアプリケーションと言っても過言ではありません（ほかでも同じことを言っているかもしれませんが……）。

　メモ帳はいたってシンプルなアプリケーションですが、必要最低限の機能は備わっています。なかでも私が気に入っているのが、現在時刻を瞬間表示させる機能です。

　**たとえば、メモ帳が開いている状態で「F5」キーを押すと「0:58 2016/02/28」といったように、現在日時が瞬時に入力されます。**

　この時刻はWindowsのシステム時計に紐づいているので、パソコンがインターネットにつながってさえいれば、常に正しい時刻が表示されるようになっています。

082

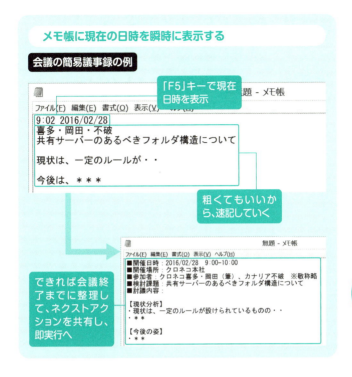

　この機能を、前述した「ランチャー機能」と組み合わせて使えば、突然記録が必要になった場合でも、最短1秒で、準備を整えることができます。

　この機能はメモや議事録の作成だけでなく、作業の開始と終了の時間を記録するなど、ちょっとした計測にも使えるでしょう。

　地味なワザではありますが、こういった小さな工夫を積み重ねていけば、仕事や会社全体の効率は飛躍的に高まるはずです。

# 長い文章のなかから必要な言葉を一瞬で見つけ出す

　文書ファイルやウェブサイトのなかから何か重要なキーワードを探す際に、カーソルを移動したり、画面をスクロールさせたりしながら目視で探している人がいます。

　じつは、私の会社では、この方法を禁じています。効率が悪いだけでなく、モレや見落としが発生する可能性があるからです。

　私は、ミスが許されない作業ほど、人間の能力に頼らず、機械にまかせるようにすべきだと思っています。

　では、どうすればいいのでしょうか。こういった場合には、素直にアプリケーションの「検索機能」を使います。**ショートカットキーは「Ctrl」＋「F」。**

　これは、Windowsやオフィスソフト、ブラウザなど、複数のアプリケーションで共通して使えますので、覚えておきましょう。

　ちなみに目視の検索でモレや見落としが発生しやすくなるのには理由があります。それは、比較的狭い範囲を見ている場合には問題ないのですが、カーソルやスクロールで画面が動く場合、どうしても視線を動かさないといけなくなるので、集中力が低下してしまうからです。

　私が目指しているワークスタイルは、ただ作業を速くするだけでなく、集中力を途切れさせることなく、いかに最短距離でアウトプットできるかというものです。

　記憶や反復、検索といった、コンピューターが得意とする作業は、できるかぎりコンピューターに預けてしまう。

　こういった分業によって、人間はもっと自由に、もっと創造的なことに才能を発揮できるようになるのです。

# 置換機能で文書内の特定の言葉を一度に変換する

　パソコンで文章を書いているとき、途中で方針が変わり、特定の単語をすべて修正しないといけない状況があるとします。この場合、文書中の単語1つひとつを手作業で修正していくのは、あまりに手間がかかりすぎるし、モレが発生する恐れもあります。

　そんなときに大変便利なのが、Windowsの「置換機能」です。これは文字どおり、ある特定の文字を、指定した文字に置き換える機能です。この機能も前項の「検索機能」と同じく、複数のアプリケーションで利用できます。

　**置換機能を利用したい場合には、まず「Ctrl」+「H」を押して、専用のウィンドウを開きます。そこに置換前の言葉と、置換後の言葉を入力します。**

　その後、確定のしかたによって、該当する単語を探し出す、1つずつ置き換える、いっきにまとめて置き換える、などと使い分けることができます。

　また、応用ワザとして、文書内に紛れ込んでしまった無用な空白スペースを消す方法もあります。

　**たとえば、「検索する文字列」の欄に、全角または半角スペース、「置換後の文字列」欄には何も入れずに置換すると、目視ではなかなか見つけにくい空白をいっきに削除することができます。**

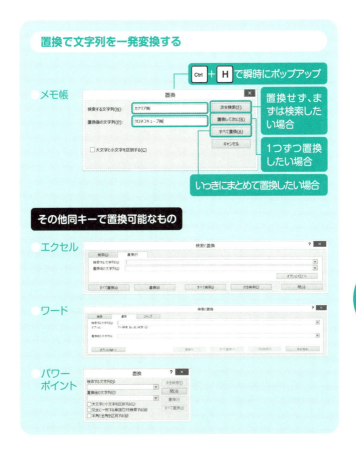

　これらの機能は、範囲を選択すれば、特定の範囲内に絞った置換を行うことができます。

　このワザを身につけるメリットは、たんに便利というだけでなく、少々のミスがあってもあせらなくなることです。大量の文字のなかから特定の箇所を見つけ出し、まとめて変換できると思えば、文書作成時のストレスが減り、大きな心の余裕が生まれることでしょう。

第 **3** 章

# 苦手な人でも
# すぐ使える!
## エクセル時短ワザ編

みなさんのなかには、「エクセルが苦手」という人も多いのではないでしょうか?

とくに、日常的に表計算を行ったり、専門的なデータを扱う必要のない人にとっては、難解なソフトウェアだと思います。

とはいえ、エクセルはちょっとした作表や日報、事務作業など、日常のビジネスシーンのさまざまな場面に登場します。じつは、基本的な機能を使うだけであれば、エクセルはそんなに難しいものではありません。

ここでは、「難しい機能はあまり使わないけれど、エクセル自体はよく使う」という人のために、誰でもかんたんにできる時短ワザを紹介していきます。

# エクセルのヘッダーと
# フッターを活用し、
# 効率と信頼性を上げる

　エクセルの「ヘッダー」と「フッター」という機能を知っていますか？　あらかじめ設定しておくことで、印刷したときに文書の上部・下部に「日付」や「ページ番号」「ファイル名」などを表示できる、便利な機能です。

　ヘッダー・フッターの設定は、まず「Alt」→「P（ページレイアウト）」→「I（印刷タイトル）」の順番でキーを押して、ページ設定ウィンドウを開きます。

　その後、「Ctrl」+「Tab」で移動し「ヘッダー/フッター」タブを選択し、設定します。

　ヘッダー・フッターに表示させる情報は、あらかじめ用意された選択肢のなかから選ぶか、「ヘッダー/フッターの編集」で個別に登録することができます。一度登録したものは、その後、選択肢に現れるようになるので、そちらから選ぶこともできます。

　私の場合、ヘッダーの左には「ファイル名」、中央には何も入れず、右に「日付」。

　フッターは、中央に「ページ番号」もしくは「総ページ数」、右に「ファイルパス」を登録するようにしています。

　こうすることによって、文書管理にかかる時間が短くなることはもちろん、その文書に対する信頼性もアップします。

## エクセルのヘッダー・フッターを最大限活用する

### ヘッダー/フッターの設定

`Alt` → `P` → `I`

ページ設定ウィンドウが開く　`Ctrl` + `Tab` で移動
「ヘッダー/フッター」タブ　ヘッダー or フッターの編集

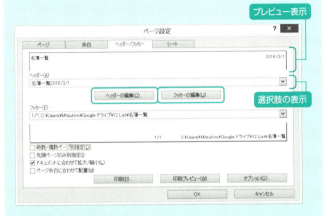

### ヘッダー/フッターの編集

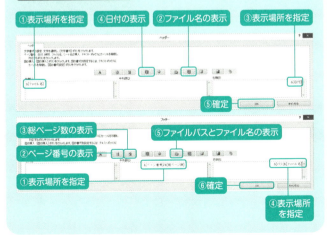

①表示場所を指定　④日付の表示　②ファイル名の表示　③表示場所を指定
⑤確定

③総ページ数の表示　⑤ファイルパスとファイル名の表示
②ページ番号の表示
①表示場所を指定　⑥確定
④表示場所を指定

# 複数ページにまたがる表でも、ページごとにタイトルを表示する

エクセルで複数ページにまたがる表を印刷する場合、初期設定のままでは、1ページ目だけにタイトル行（見出し行）が挿入され、2ページ目以降には印刷されません。そのため、2ページ目以降を印刷した場合には、列に該当する項目名がわからなくなってしまうことがあります。

そんなときは、印刷タイトルを設定すれば、2ページ目以降のすべての表の見出し部分にもタイトル行を挿入することができます。

設定の方法は次のとおりです。

「Alt」→「P（ページレイアウト）」→「I（印刷タイトル）」を押すと「ページ設定」ウィンドウで「シート」タブが開くので、「印刷タイトル」の欄から「タイトル行」ボックス右端のボタンをクリックします。

すると、「タイトル行」ボックスが表示されるので、印刷タイトルに設定したい行をクリックして「Enter」を押します。そして、「ページ設定」画面に戻り、「OK」を押せば、設定完了です。

横長の表の場合でも設定はほとんど一緒です。すべてのページに印刷させたい列を「タイトル列」ボックスから選択し、印刷タイトルに指定すればいいでしょう。

ちなみに、すべてのページにちゃんとタイトルが入って

## 印刷タイトルを設定する

いるかどうかは、印刷プレビュー画面でページ送りをすれば確認できます。

このワザは、印刷しない文書の場合には必要ありませんが、長めの名簿やリストなど、複数ページにまたがるような文書を印刷する場合には必須ですので、ぜひ覚えておくことをおすすめします。

# こんなに種類があったんだ！コピペを駆使してセル入力をラクにする

コピー＆ペースト（コピペ）は、最も多く使われるショートカットキーと言えるのではないでしょうか。とくにエクセルを使った作業では、マウスを使うのと、キーボードを使うのとでは、所要時間に天と地ほどの差が生まれます。

コピペの基本は「Ctrl」＋「C」と、「Ctrl」＋「V」ですが、じつは、それ以外にも多くの便利ワザがあります。

ここでは、私がよく使う9つのワザを紹介しましょう。

①**真左のセルをコピペ**：「Ctrl」＋「R」

②**真上のセルをコピペ**：「Ctrl」＋「D」

③**セルを起点にまとめてコピペ**：文字が入ったセルを起点に範囲選択して「Ctrl」＋「D」、「Ctrl」＋「R」

④**入力文字を起点にまとめてコピペ**：範囲選択してから文字入力して「Ctrl」＋「Enter」

⑤**〜⑨形式を選択して貼り付け**：「Ctrl」＋「C」でコピー→「Alt」＋「E」→「S」から貼り付け形式を選択

⑤値だけの場合は→「V」

⑥書式だけの場合は→「T」（※複数の文書の書式を合わせるときに使います）

⑦コメントだけの場合は→「C」（※エクセル一覧でコメント機能を多用する私は重宝しています）

⑧列幅の場合は→「W」(※複数の同種類の文書フォームの調整に利用)
⑨行列を入れ替える場合は→「E」(※作表途中のやり直しに便利)

　このような便利ワザは、ほかにもたくさんありますが、これだけ知っていれば、間違いなく日常の仕事には困りません。たった9個です、何度か繰り返してぜひ体で覚えてくださいね。エクセル仕事が多い人にとってはかなりのインパクトがあるはずです。

# 絶対に覚えておきたい！マウスを使わず「セルの書式設定」を開く方法

エクセルで作表していると、文字の形式や配置、フォント書式、罫線の挿入、セルの塗りつぶしなど、フォントやセルにまつわる細やかな設定が必要な場合が出てきます。

そういった設定作業を一手に集約しているのが「セルの書式設定」です。これは、対象セルで右クリックして起動することもできますが、==「Ctrl」＋「1」を押せば、瞬時に立ち上げることができます。==

最初は「表示形式」タブが開いているかもしれませんが、「Ctrl」＋「Tab」で切り替えることができます。ほかにも「配置」「フォント」「罫線」「塗りつぶし」があり、いずれも私はよく使います。以下に、タブごとの機能で私がよく使うものをかんたんに説明しておきます。

- ●表示書式タブ：「分類」の「日付」を選択し、日付の表示形式を選択できます（2/9や2016/2/9など）。
- ●配置タブ：セル内の文字位置の変更や折り返しの設定、セルを結合したりできます。
- ●フォントタブ：フォントの種類や色、サイズ等の変更などができます。
- ●罫線タブ：罫線の太さやスタイルを選択できます。
- ●塗りつぶしタブ：セルの彩色に使います。

 「Ctrl」+「1」を覚えておけば、これまでマウス操作に頼っていた多くの作業をキーボード操作に置き換えることができ、確実にエクセルの作表効率は上がります。かんたんですので、ぜひマスターしてみてくださいね。

# ファイル全体の書式をまとめて整える

　前項で解説した「書式設定」は、セルの文字配列やフォントを細かく指定できるため、とても便利なのですが、セルごとに設定していくのは面倒ですよね。そんなときに便利なのが、セルの「スタイル」設定です。

　スタイルとは、文書ファイルごとに、フォントや色、表示形式などの書式をまとめて設定する機能のこと。複数のセルに同じ書式を設定したり、一括変更できたりするのが魅力です。

　スタイルをショートカットキーで開くには、まず、「Alt」＋「Shift」＋「7」を押し、ダイアログを開きます。
　その後、「書式設定」ボタンを押し、「表示形式」「配置」「フォント」「罫線」「塗りつぶし」など、その文書に設定したい内容を入力し、確定します。
　一覧や表をつくる際、最初にこの設定をしておくと、すべてのセルにこの書式が反映されるため、その都度設定をしなくてすむのでかなりラクです。

　こういった初期設定による作業の効率化は、会社経営や

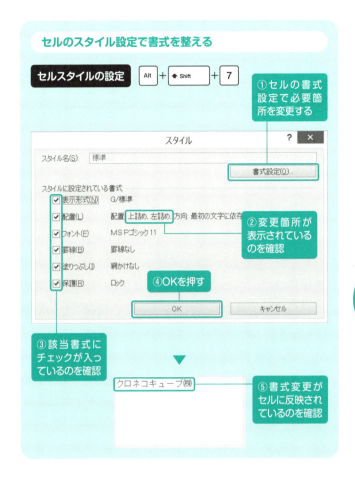

家計でいうところの「固定費の削減」みたいなものです。

　毎日繰り返される大量の作業にメスを入れることによって、結果的に膨大な可処分時間を捻出することができるのです。

# 現在の日付と時刻を
# ショートカットキーで
# 入力する

　エクセルで表や一覧を作成する際、ファイルの作成日や更新日を入力することがあると思います。そういう場合、多くの人がカレンダーや時計で日時を調べ、その都度手入力しているのではないでしょうか。

　じつは、ショートカットキーを使えば、瞬時に日時を入力することができるのです。

　**具体的には、日付であれば「Ctrl」＋「+」、時刻は「Ctrl」＋「*」をそれぞれ押すだけで、瞬時にセルに表示されます。**

　ちなみに日時の入力は、セルごとだけでなく、1つのセルのなかにまとめて入力することもできます。

　やり方はかんたん。

　**セルを指定し、まず「Ctrl」＋「+」を押して日付を入力します。そこから「スペース」を押して空白を空け、「Ctrl」＋「*」を押せば、同一行に現在時刻が入力されます。**

　また、「Alt」＋「Enter」でセル内改行をしてから入力することもできますので、目的に合わせて使い分けてください。

　私の会社では、社内で使う一覧に、すべて行単位で更新日の項目を設けているので、日付入力のショートカットキーを頻繁に使います。

　時刻入力はあまり使うことはありませんが、分・秒を記録する必要のある実験業務や計測業務を行う現場などでは、かなり重宝されると思います。

# 一覧がサクサクつくれる行列の挿入と移動のショートカットキー

　エクセルで作表していると、行列を挿入したり、移動したりしたいときが必ず出てきますよね。しかし、毎回マウスで行列選択し、右クリックして挿入していては、かなり面倒くさいし、ミスも起こりやすい……。

　そんなときも、ショートカットキーを使えば、ミスなく効率的に作業を進められるようになります。

　まず、行列の挿入や移動の前に、ショートカットキーを使った選択の方法を紹介します。

　**行を選択するには英数字モードで「Shift」+「スペース」、列を選択するには「Ctrl」+「スペース」です。**これは、後ほど紹介する「行列の挿入」や「移動・コピー」など、使う機会がたくさんありますので、覚えておきましょう。

　**新たに行列を挿入したい場合には、行列を選択して「Ctrl」+「Shift」+「+」を押すと、選択した行の上、または列の左に挿入されます。**

　**行列を削除したい場合には、同じく行列を選択して「Ctrl」+「-」を押すと、それぞれ削除されます。**

　いずれも複数の行列を選択すると、その数だけ行列を挿入・削除することができます。

　その他、行列をコピーしたり、切り取って挿入する場合

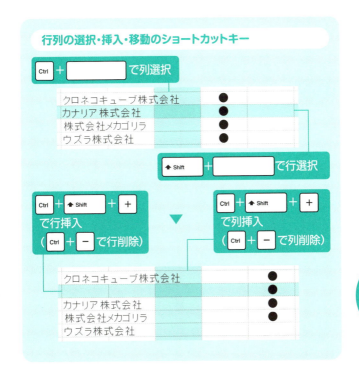

にもショートカットキーが使えます。

コピーして挿入するには、対象の行列を選択して「Ctrl」+「C」でコピー、移動先の行列を選択して「Ctrl」+「Shift」+「+」で挿入します。

また、切り取って挿入するには、対象の行列を選択して「Ctrl」+「X」で切り取り、移動先の行列を選択して「Ctrl」+「Shift」+「+」で挿入します。

一見難しそうに見えますが、慣れてしまえばかんたんにできますし、とても便利なワザですので、ぜひ何度も繰り返して体で覚えてください。

# シート内を自在に
# 瞬間移動する

　ページ数が何枚にもおよぶリストだと、ちょっとしたカーソル移動やスクロールでもひと苦労ですよね。とくに、「上下左右」キーを使ってカーソル移動しようとすると、キーボードを連打する必要があります。これは、あまりスマートとは言えないでしょう。

　じつは、こんなときも、ショートカットキーを使えば、もっとかんたんに、もっと自在に、シートのなかを動きまわることができます。

　**たとえば、「PageUp (PgUp)」や、「PageDown (PgDn)」を使えば、1ページ幅の単位でサクサクと上下にカーソル移動させることができます。** 何ページ分にもわたるリストを効率的にチェックしていくためには、必須のワザと言えるでしょう。

　**また、「Ctrl」＋「左右」キーで、カーソルをデータ領域の左・右端列に移動させることができます。**

　たとえば、横に長いリストで、最前列や最終列の付近のセルを編集したい場合、この方法であれば、最短で目的の場所に移動することができるのでおすすめです。

　**同じく、「Ctrl」＋「上下」キーで、データ領域の先頭行・末尾行にカーソル移動させることができます。** たとえば、既存のファイルを起動した場合、前回終了時のカーソ

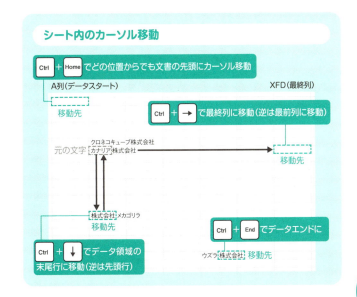

ル位置からスタートしますが、作業目的に合わせて、そこからいっきに先頭行または末尾行のセルにカーソル移動させることができるのです。

**また、「Ctrl」＋「Home」を押せば、どんな位置からでも文書先頭にカーソル移動できます。**これは、作業途中でカーソル位置がどこにあるかわからなくなってしまったときなどに便利です。ちなみに、私はあまり使わないのですが、**「Ctrl」＋「End」を押せば、文書末尾にカーソルを移動することができます。**

最後に、ここまで紹介したカーソル移動のワザは、すべて「Shift」を組み合わせることによって、移動範囲を選択することもできます。これはかなり便利ですので、ぜひ活用していただければと思います。

# フィルタ機能を使って、大量の情報のなかから必要な情報だけを抽出する

　名簿やリストなど、これまで集めたデータが整理や更新されずに、パソコンの奥深くで埋もれたままになっている、という人はいませんか？　「オートフィルタ」というエクセルのフィルタ機能を使えば、こういったデータのなかから必要な情報だけを取り出して、再び活用することができるようになります。

　名簿やリスト以外にも、各種の分析作業などをする際にも、フィルタ機能を使えば、大量のデータのなかから必要な情報だけを速やかに分類・抽出できます。

　この機能を使うには、まずフィルタをかけたい行にカーソルを移動させ、「Ctrl」＋「Shift」＋「L」を押し、データ範囲にフィルタをかけます（再度「Ctrl」＋「Shif」＋「L」を押すとフィルタの取り消し）。

　次にフィルタがかかった状態で、条件設定したい列項目（▼がついているセル）で「Alt」＋「下」を押すと、抽出条件を指定する選択画面が開きます。

　その後、選択画面から、「条件指定」や「検索ワード」、「直接指定」などを選択・入力してOKを押すと、条件に該当する行だけが表示されるのです。

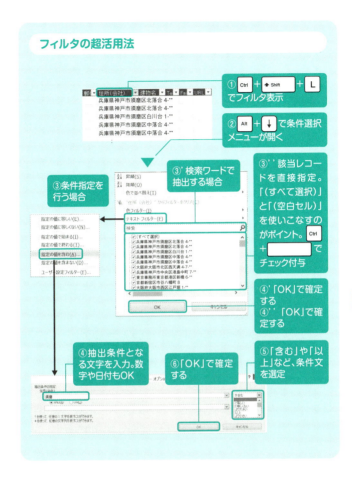

なお、入力行指定は、「上下」キーで移動して「Ctrl」+「スペース」にてチェックをつけたり外したりすることができます。

慣れてくると、営業リストやターゲットリストなど、戦略的資料を短時間で作成できるようになりますので、間違いなく上司や仲間から一目置かれる存在になるはずです。

# よく使う文字をセルに登録してキー入力の負担を減らす

　管理表や日報など、エクセルでつくられた定型フォーマットで、同じセルに毎日同じ記号や言葉を入力することは、非効率なうえ、ミスの原因にもなります。

　こういった問題を防ぐためには「入力規則」という機能を使って、よく使う文字を登録し、その都度入力せずに選択するだけですむようにしておくことがおすすめです。

**「入力規則」を設定するには、ショートカットキー、「Alt」→「D」→「L」を使います。**

**この順番でキーを押すと「データの入力規則」という画面が開くので、「設定」タブの「条件の設定」欄の「入力値の種類」で、「リスト」を選びます。**

**「元の値」には選択表示させたい複数の文字を「,」で区切って入力し、最後に OK を押せば登録完了です。**

　登録後は、該当のセルにカーソルをあてると下矢印ボックスが現れるので、「Alt」+「下」を押すと、選択文字が現れます。該当のものを選んで「Enter」を押せば、その文字が入力されます。

　私は、タスク管理表の進捗状況（Open・On-Going・Close）や、重要度（High・Mid・Low）、アンケートの回答選択肢（1・2・3・4・5）などを登録しています。

**また、「入力規則」を設定しなくても、すでに文字入力**

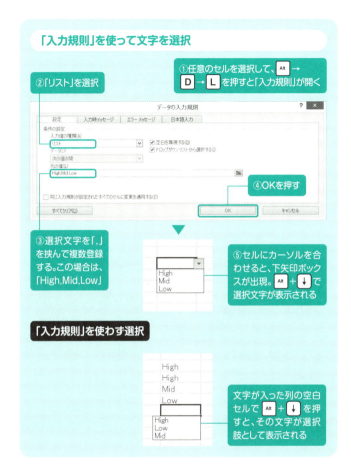

されている列であれば、「Alt」＋「下」を押すと、それらを選択文字として表示させることができます。

　あなたもぜひ一度、ふだん使っている管理表や一覧を見なおしてみて、何度も使っているような定形の言葉などがあれば、入力規則を試してみましょう。アイデアしだいで幅広い活用法が見つかるはずです。

# じつはかんたん!
# 計算や作表の手間を減らす、すぐに使える5つの関数

　あなたは、エクセルの「関数」を使っていますか？　関数と聞くと、なんだか難しそうなイメージがあるかもしれませんが、じつは、そんなことはありません。うまく活用すれば格段に仕事がはかどるようになりますので、ここでは、私がイチ押しする便利な関数を5つだけ紹介します。

　まずは、これだけ覚えておけば十分だと思います。

### ①「Shift」+「F3」

　セル上で押すと「関数の挿入」が開き、選択肢のなかから適切な関数を選ぶことができます。関数名を知らなくても、検索や分類から探せば、選択肢として現れる関数名と解説から、必要なものを見つけることができます。

　繰り返し使い、覚えることができたら、この機能を使わず、直接入力してもいいでしょう。

### ②「Alt」+「Shift」+「=」

　数字が入った列の最下行でこのキーを押すと、SUM関数（小計）が挿入されます。

　いつでも、さっと足し算ができるようになるので、計算機の代わりとしても使えます。

**関数を使って計算や作表の手間を減らす**

目的や検索名で検索する

分類から選定する

関数名と解説が表示される

OKを押すと、それぞれの「関数の引数」ボックスが表示されるので値や数式を指定してOKを押す

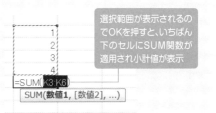

選択範囲が表示されるのでOKを押すと、いちばん下のセルにSUM関数が適用され小計値が表示

### ③ =TODAY（）

ファイルの当日日付を自動表示させる関数です。印刷時に日付入力の手間を省いたり、所要日数や年齢などを計算する場合に使ったりすることもできます。

### ④ =ROW（）－（数字）

表の行数を基準に採番（番号をつける）する関数で、作表時の項番号の付与に使えます。

たとえば、1行目をタイトル行、2行目を項目行、3行目からデータスタートさせたい場合には、「=ROW（）-2」のようにして、A3以降のセルにコピーすれば、1, 2, 3, 4…と続けることができます。

### ⑤ =vlookup（検索値，範囲，列番号，［検索の型］）

指定した範囲から検索条件に一致するデータを抽出してくれる関数です。

たとえば、あらかじめ商品台帳を用意しておき、商品コードを入力すると単価や商品名を表示させることもできます。私の場合、2つの名簿データの間に重複がないかを調べる場合にも活用しています。

いかがですか？　そんなに難しくはないと思います。

これだけ覚えれば、ショートカットキー以上にエクセル作業が効率化できますので、ぜひこの5つの関数を使ってみてくださいね。

関数を使って計算や作表の手間を減らす

2016/3/10

=TODAY()と入力したセルに、現在の暦年が表示される

行番号から2を引いた数字で採番するために、「=ROW()-2」をA3からA6以降にコピーすると、1から連番が表示される

### ⑤=vlookup(検索値,範囲,列番号,[検索の型])

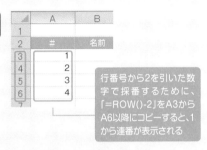

データ①とデータ②の比較する場合、D列に「=VLOOKUP(C2,$A$2:$A$7,1,FALSE)」を入れて、A7までコピー。その結果、「#N/A」は重複なし、それ以外は重複あり、が表示される

第**4**章

# ミスやムダが
# ゼロになる！
## ワード時短ワザ編

レポートや契約書などのビジネス文書は、作成に時間がかかるものが多いですよね。レポートを書きはじめたらあっという間に1時間以上経っていた……、という経験は誰しもあるかと思います。

もちろん、わかりやすい文章を速く、正確に書くスキルを身につければ、時間を短縮することはできますが、こういった技術を短期間で身につけることはできません。

ビジネス文書を作成するときは、多くの人がマイクロソフトの文書作成ソフト「ワード」を使っていると思います。

そこで本章では、文章の上手・下手にかかわらず、ワードの便利機能を使って、ムダやミスを減らすことで、文書作成にかかる時間を短縮する方法をお伝えしていきます。

# 文字のサイズ変更や太字処理はショートカットキーで

　ワードで文書を作成していると、見出しや強調したい部分など、文字のサイズを大きくしたい場合がありますよね。しかし、その都度フォントメニューからサイズを指定して変更するのは面倒くさい……。

　そこで、文字のサイズをすばやく変更できるショートカットキーを紹介したいと思います。

　やり方はとてもかんたん。
　**サイズを変えたい文字を選択し「Ctrl」+「Shift」+「>」もしくは「<」を押すだけです。「>」を押すと、サイズが1段階大きくなり、「<」を押すと1段階小さくなります。**
　たったこれだけです。
　また、サイズ変更と同時に使うことが多いのが、文字を太字にすることではないでしょうか。
　**こちらのショートカットキーもシンプルで、文字を選択した状態で「Ctrl」+「B」を押すだけです。**
　この2つを覚えておくだけで、基本的な文字の入力には困らなくなることでしょう。

　これらのワザは、とくに、企画書や娯楽系のコンテンツ

## 文字のサイズ変更と太字処理のショートカットキー

| Ctrl | + | ⬆ Shift | + | > | ▶ サイズを1段階大きく |

| Ctrl | + | ⬆ Shift | + | < | ▶ サイズを1段階小さく |

| Ctrl | + | B | ▶ 選択した文字を太字に |

制作などで活用できます。

　文字を大きくしたり、太字をうまく使って文章に抑揚をつけていくと、表現力がより豊かになり、読み手に大きなインパクトを与えることができるからです。

　謎解きイベントを企画している私の会社でも、このワザを大いに活用しています。

　たとえば、企画書やイベントの台本の重要な部分で、**「なななんと！」**などと、ひと言入れるだけで、なんとなくパワーが違いますよね（さすがに、公的な文書では使えませんが……）。

　このように、文字の大きさや太さを変えるだけで、メッセージ性が増すのです。あなたも、このワザをうまく活用して、短時間で魅力的な企画書を仕上げてみてくださいね。

第4章　ミスやムダがゼロになる！　ワード時短ワザ編

# マウスを使わず
# フォントの種類や
# 色を変える

　文書作成時に、フォントのサイズや太さの変更の次によく使うのが、フォントの種類や色など、装飾に関する変更ではないでしょうか？　これもマウスを使わず、ショートカットキーでかんたんに変更することができます。

**まず、文字を選択してから「Ctrl」+「D」を押して、フォントの設定画面を開きます。**

　そこから、フォントの種類や色、標準・斜体・太字などのスタイル選択、サイズの変更、下線や取り消し線の指定、といったことができます。

　文字装飾なら、「Ctrl」+「D」と覚えておきましょう。

　なお、一般的なビジネス文書であれば、「MS明朝」、マニュアルなどは「**MSPゴシック**」、英数字であれば「Century」や「Arial」といったフォントを使うことが多いでしょう。

　色については、デフォルトでは「自動」になっていますが、強調したい箇所や警告箇所などについては赤字、なんらかの意味をつけ加えたい場合は青字がよく用いられます。

## 選択した文字のフォントや色を変える

**フォントの種類と色の変更** `Ctrl` + `D`

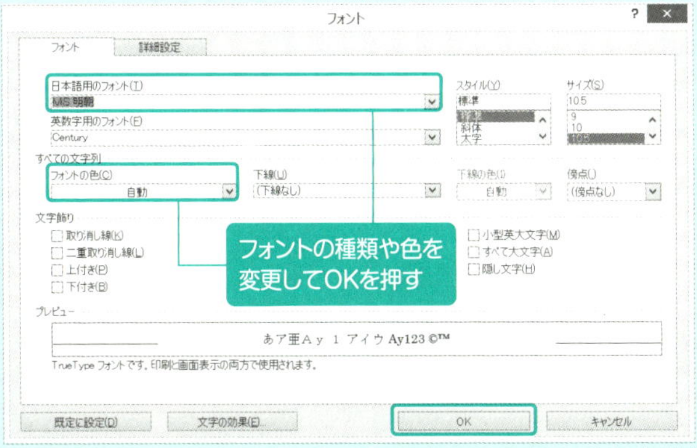

フォントの種類や色を
変更してOKを押す

---

　余談になりますが、私は企画書やプレゼン資料を作成する際、フォントの種類を変えることで、読み手に伝わりやすくするよう工夫しています。

　たとえば親しみやすさを出したい場合には「HG丸ゴシックM-PRO」。キャッチコピーなど、言葉に鋭さをもたせたい場合には「HG 正楷書体-PRO」。タイトルやスローガンなど、注目を集めたい文言には「**HGP創英角ゴシックUB**」や「**HGP 創英角ポップ体**」を使っています。

　このように、文書によってフォントをうまく使い分けると、雰囲気がぐっと変わるのでおすすめです。

# Trick 045
# 意外と知らない？アンダーラインの便利な使い方

　ワードでは、文字を選択して「Ctrl」+「U」というショートカットキーを押すと、アンダーラインを引くことができます。

　単純な機能ですが、うまく使いこなしている人は案外少ない気がします。そこで、ここでは、アンダーラインの用途について、3つほど紹介したいと思います。

　**1つ目は、重要な箇所や強調したい部分に引く場合です。**アンダーラインは、色変更と違い、白黒印刷時でもはっきり視認できますし、太字よりも目立ちます。

　**2つ目は、自分自身が覚えておきたい箇所に下線を引く場合。**私の場合、セミナー参加時のメモや、会議の議事録を作成するときによく使います。

　**3つ目は、「＿＿＿＿」のように、穴埋めの空白欄をつくる場合です。**これは、申込書のフォーマットや、アンケートの回答用紙などを作成する際に使えます。

　先ほどお伝えした、選択した文字を太字にするショートカットキー「Ctrl」+「B」とセットで覚えておくと、より効率的に、伝わりやすい文書をつくることができるようになるでしょう。

## アンダーラインの活用法（例）

**アンダーラインを引く** `Ctrl` + `U`

### ①重要な箇所や強調したい部分に引く

まずは、人に伝えるにあたって重要だと思う箇所や特に強調したい部分に引く場合です。下線を引くことで、読み手に見間違うことなく明確に伝えることができます。

ちなみに、アンダーラインが他の文字装飾よりも実用的なのは、色を変更するのと違って白黒印刷時でもはっきり視認できるということと、太字にするよりも目立ちやすいといった特徴があります。

### ②自分自身が覚えておきたい箇所に引く（メモや議事録など）

■開催日時：2016/02/28　9:00-10:00

■開催場所：クロネコ本社

■参加者：クロネコ喜多・岡田（筆）、カナリア不破　※敬称略

■検討課題：共有サーバーのあるべきフォルダ構造について

■討議内容：

【現状分析】

・現状は、一定のルールが設けられているものの・・・

・＊＊。

### ③穴埋めの空白欄をつくるために引く

ちなみにアンダーラインを引くためのショートカットキーは、文字を選択して＿＿＿＿＿です。文字を強調する意味では、＿＿＿＿＿で太字にするのと一緒に使われることが多いようなので、セットで覚えておくといいでしょう。

# 印刷プレビューを使いこなして印刷ミスのムダを劇的に減らす!

　作成した文書を実際に印刷してみたら、イメージと違った、思ったように印刷ができない、というトラブルはけっこう多いものです。そうならないためには、「印刷プレビュー」の機能を使い、印刷後のイメージをたしかめながら、印刷設定を行うことがおすすめです。

　印刷プレビューは、「Ctrl」+「P」または「Ctrl」+「F2」で開くことができます（解除は「Esc」）。

　ひと言で「印刷」といっても、さまざまな設定ができ、それを使いこなすことで、文書作成の幅が広がるうえ、印刷ミスによる紙や時間のムダも減らすことができますので、覚えておいてください。

　印刷プレビュー機能では、次のような設定が行えます。

①印刷するページの選択：すべてを印刷するのか、指定したページのみを印刷するのかを選ぶことができます。
②片面・両面印刷の選択：本や台本のような両面印刷が必要な文書作成時に。紙代の節約にもなります。
③印刷単位の選択：1つのファイルを複数印刷するときに、ページ単位か部単位かを選ぶことができます。たとえば、2ページ分の文書であれば、ページ単位なら「1、1、2、2」、部単位なら「1、2、1、2」の順番で印

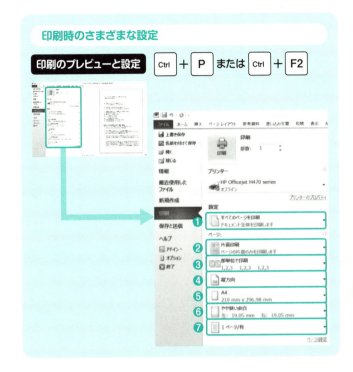

刷されます。

**④印刷の方向（縦・横）**：文字どおり、紙を縦方向に使うか、横方向に使うかを選択できます。

**⑤用紙の選択**：用紙のサイズを選ぶことができます。

**⑥余白の幅設定**：余白部分を調整できます。デフォルトでは余白が多いので、私は少なめに設定しています

**⑦1枚あたりの印刷ページ数**：通常、1枚の紙に1ページですが、設定を変えることで、1枚の紙に複数ページ分の文書を印刷することができます。A5サイズのコンパクトな冊子やラベルの印刷などに便利です。

# 文章の間違いを自分の代わりに「ワード」に探してもらう

　文書を作成していると、英語のスペルミスや句読点の誤った使い方、「てにをは」の修正、言いまわしの重複など、じつにさまざまなミスが起こります。これを完全になくすのは不可能です。むしろ私は、起こってしまったミスにどう気づき、それにどう対応するかのほうが大切だと考えています。しかし、ミスを見つけるために、文章を何度も読み返していては、時間がいくらあっても足りません。

　そんなときに便利なのが「スペルチェックと文書校正」という、ワードのチェック機能です。

　**ショートカットキーの「F7」を押すと「スペルチェックと文書校正」のダイアログが開き、言葉の誤りや同じ語句の繰り返しなど、誤りに対する修正候補が表示されます。**

　もし、修正候補のなかに適切なものがなかったり、その言いまわしに問題がなければ、「無視」や「すべて無視」を押し、「次の文」を押せば、また次の誤りを探してきて修正候補を提案してくれます。表示された修正候補を次回も使いたい場合には、「単語登録」の機能を使ってその言葉を登録しておくといいでしょう。

　ふだんから「F7」を押してチェックするクセをつけておくことで、作業効率と文書の品質を両立することができるようになるはずです。

## 「スペルチェックと文章校正」機能の使い方

### スペルチェックと文書校正

### 入力語句の修正例

修正の必要がなければ「無視」
または「すべて無視」を選択

修正の必要があれば、「修正」、
または「すべて修正」を選択

### 句読点誤りの修正例

修正の必要がなければ「次の
文」でほかの修正候補を探す

### 繰り返し語句の修正例

特定の語句の「書き換え語」を
登録できる

# 単語や段落、文章全体を意のままに選択する

　本書では、できるだけマウスを使わず、キーボードでパソコンを操作する方法をお伝えしていますが、私が自分にマウスの使用を許している数少ない操作があります。それは、ワードの「文字選択」機能です。

　これをうまく使えば、文字や文章、段落などを、意のままに選択できるようになります。ここでは、マウスを使ったワードの「選択」の代表的なワザを5つ紹介します。

①**文字の選択**：段落内の任意の位置で2回クリックすると、「文字」を選択することができます。特定の文字や単語をコピーして検索する場合などに大変便利です。

②**行の選択**：左側の余白の部分までポインタを動かし、矢印に変化した状態で、1回クリックすると「行」を選択できます。切り取りやコピーするときなどに役立ちます。

③**文章の選択**：段落内の任意の位置で「Ctrl」を押しながらクリックすると直近の「。」までの文章を選択してくれます。一文を区切りよく切り取ったり、コピーしたりするときなどに使えます。

## さまざまな文書の選択方法

**【①文字の選択】**
段落内の任意の位置で2回クリック

**【②行の選択】**
左側の余白の部分までポインタを動かして矢印になったら、1回クリック

・文字の選択：まず、段落内の任意の位置で2回クリックする　す。この技は特定の文字や単語をコピーして検索する場合な

・行の選択：左側の余白の部分までポインタを動かして矢印に　　　　　　　　　　　を選択できます。地味に切り取りやコピーする時などに役立ちそうですね。

・文章の選択：段落内の任意の位置でCtrlを押しながらク　　択してくれます。これまた何らか一文を区切りの良く切り　かもしれませんね。

**【③文章の選択】**
段落内の任意の位置でCtrlを押しながらクリック

・段落の選択：段落内の任意の位置で3回クリ　なったら2回クリックすると段落を選択しま　ている内容を読み込むのに集中したい場合や、　ているかを指し示す目印としての役割も果たす

**【④段落の選択】**
段落内の任意の位置で3回クリックするか、左側の余白の部分でポインタが矢印になったら2回クリック

・文章全体の選択：任意の場所でCtrl＋Aか、左側の余白の部分でCtrlを押しながらクリックか3回クリックすることで文書全体を選択します。

**【⑤文書全体の選択】**
左側の余白の部分でCtrlを押しながらクリックか3回クリック
※Ctrl+AでもOK

④**段落の選択**：段落内の任意の位置で3回クリックするか、左側の余白部分でポインタが矢印になったら2回クリックすると段落を選択できます。これは、文書編集以外にも、一部の文章を集中して読み込みたいときや、人と画面を見ながら話をする際の目印としても使えます。

⑤**文書全体の選択**：左側の余白部分の任意の場所で「Ctrl」を押しながらクリックか、3回クリックすることで文書全体を選択できます。なお、「Ctrl」＋「A」でも選択できますので、状況によって使い分けてください。

# 絶対に知っておきたい！間違えて上書き保存したファイルを復活させる方法

「文書作成中に誤って上書き保存してしまい、元に戻せなくなってしまった」「保存せずに終了してしまい、1日の作業がムダになってしまった」……。

ワードやエクセルなど、オフィスソフトをよく使用している人であれば、誰しもそんな苦々しい経験が、1つや2つあるのではないでしょうか？

どんなに気をつけていても、間違いは必ず起きるものですが、時間をかけてつくった資料が水の泡になるのは、ちょっと悔しすぎますよね。

ここでは、そんな思いをしないですむための便利なワザを紹介します。

じつは、Office 2010以降には、誤って上書き保存してしまったときのために一定間隔でデータを自動保存し、必要なときに、すぐ以前の状態に戻せる「バージョンの管理」という大変便利な機能が備わっています。

これは、ワードやエクセル、パワーポイントなど、主要なオフィスソフトのいずれでも使うことができます。

この機能は、デフォルトでは10分間隔で自動保存されるよう設定されていますが、この間隔は、次の手順で変更することができます。

## バージョンの管理（事前設定）

### オフィスソフト上で「ファイル」「オプション」

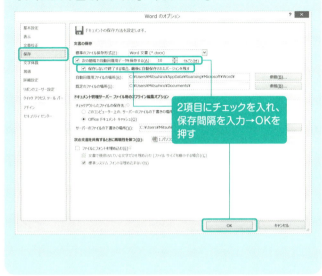

　まず、オフィスソフト上で「ファイル」→左側のメニューから「オプション」→サイドメニューから「保存」を選択し、「次の間隔で自動回復用データを保存する」にチェックを入れ、自動保存の間隔時間を入力します。

　さらに、「保存しないで終了する場合、最後に自動保存されたバージョンを残す」にもチェックを入れておけば、誤って保存せずに終了してしまっても、自動保存されたデータのうち、最後のものが回復用ファイルとして保存されるようになります。これでOKを押せば設定完了です。

次に、ファイルを間違って上書き保存してしまうなど、復活させたい状況が訪れてしまったときの対処法です。

手順は以下のとおりです。

「ファイル」→「情報」タブ→「バージョン」欄のなかから、復活させたいファイルを選んでクリックすると、以前のバージョンファイルが開きます。

そして、ファイル上部に表示される黄色いバーの「元に戻す」をクリックすると、「最後に保存されたバージョンを、選択したバージョンで上書きしようとしています」という表示が出るので、「OK」をクリック。

すると、指定したバージョンに戻って上書きされ、以前の内容を回復することができます。

保存に関するミスは、いつなんどき降りかかってくるかわかりません。

どんなに気をつけていてもミスは起こるものですので、もしものときにあわてないためにも、ぜひこのワザをマスターしておきましょう。

## バージョンの管理（ファイル復活の方法）

### オフィスソフト上で「ファイル」

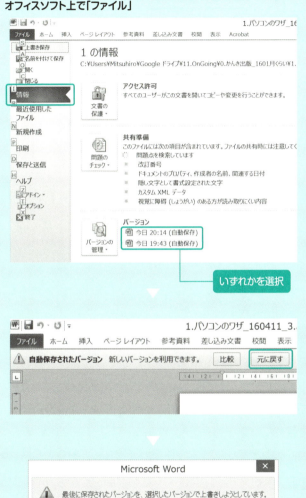

# アウトラインと目次機能で伝わりやすい文書をつくる

レポートや報告書、論文など、長い文章を書く必要がある場合、いきあたりばったりで書きはじめてしまうと、途中で何を伝えたいのかがわからないものになってしまうことがあります。

このように、全体の構成を組み立てずにとりかかってしまうと、要点をつかみづらい文章になってしまいがちです。

長い文章には、伝えたいことがいくつも含まれていますから、相手にわかりやすいものにするためには、伝えたいメッセージをクリアにしたうえで、「見出し」をつけることが効果的です。

それをかんたんに行うことができるのが、ワードの「アウトライン」という機能です。

==「アウトライン」画面は、「Alt」→「W」→「U」を押すと開きます。==この機能の詳しい使い方は、このあとの項で説明していきますが、「アウトライン」モードで、章・項目・本文といった段落のレベル（見出し）を指定することによって、書き手にとっても、読み手にとってもわかりやすい文書をつくれるようになるのです。

私が本の原稿などを書くときは、概ねレベル1が章立て、レベル2が項目、最下層が本文、という3階層にし

# アウトラインで文書構造をつくる

**アウトラインの設定**

> +マークをダブルクリックすると、下位のレベルが展開される

- 第1章　仕事が10倍速くなる「作業編」
  - 1. ショートカットキー操作に適した手の置き方（Win）
  - 2. よく使うアプリケーションを一発起動（Win）
  - 3. タスクバーからアプリケーションを起動する（Win）
  - 4. 迷ったらエクスプローラに立ち戻る（Win）
  - 5. スタートメニューを表示/閉じる（Win）
  - 6. カーソルを行頭・行末に瞬間移動させる（Win）
  - 7. 文字や文章を意のままに選択（Win）
  - 8. 全てのウィンドウを閉じてデスクトップを開く（Win）
  - 9. パスを指定してフォルダを開く（Win）
  - 10. フォルダの中身を常に最新にする（Win）
  - 11. 何かと便利な設定チャームを表示する（Win）
  - 12. 離席時にコンピューターをロックする（Win）
  - 13. タスクトレイや通知領域を選択（Win）
  - 14. キーボードで右クリック操作を行う（Win）
  - 15. システム情報を参照する（Win）

▼

**レベル1（章）**　　**レベル2（項目）**

- 第1章　仕事が10倍速くなる「作業編」
  - 1. ショートカットキー操作に適した手の置き方（Win）
    - パソコンキーをバシバシ叩いているのに、なぜか作業スピードが伴わない人がいます。社会人最初の会社から外資系コンサルティング会社に移ってきた頃の私がそうでした。
    - それまで前職での経験にはそれなりの自信はあったのですが、はじめて配属されたプロジェクトで出会った先輩女性コンサルタントのあまりの手さばきの速さに大変衝撃を受けました。彼女は一切マウスを使うことなく、ほぼショートカットキーだけでパソコン操作をしていました。また、ショートカットキーを使うことで、無駄なキー入力が減るだけでなく、静かでとてもスマートに見えたのです。ある時あまりに静かだったのでふと画面を覗き込んでみると、もの凄い速さで画面遷移していたのには驚かされました。
    - それ以来、1日でも早く先輩コンサルタントたちに追いつきたいと思い、毎日こつこつと技の習得に励みました。そしてそのうち、最も効率的にショートカットキーを繰り出させるパソコン上の手の位置が分かってきました。

**最下層（本文）**

ています。

ちなみに、「Alt」→「W」→「P」を押せば、「アウトライン」モードから、通常の「印刷レイアウト」モードに戻すことができます。

そしてアウトラインと同じく、長い文章を作成するときに役立つのが、目次機能です。

目次機能を使うと、既存の文章からいっきに目次を作成することができます。一度目次をつくってしまえば、本文の内容を変えたとしても、「更新」ボタンを押すだけで目次も更新されるので大変便利です。

目次を作成するには、まず目次を挿入したい場所にカーソルを移動させます。

そこで「Ctrl」+「Enter」で改ページを行い、目次を挿入するためのスペースをつくります。

それから「Alt」→「S」→「T」で目次メニューを開き、「目次の挿入」を選択。目次ダイアログが開いたら、そのまま「OK」ボタンを押します。

たったこれだけで、いっきに目次ができあがるのです。

アウトラインと目次は、文章作成の基本となりますので、ぜひセットで覚えておくことをおすすめします。

## アウトラインの目次機能を活用する

**目次の挿入** 目次を挿入したい位置で

```
組み込み
自動作成の目次 1

内容
見出し 1 ............................................................................... 1
    見出し 2 ........................................................................... 1
        見出し 3 ....................................................................... 1
自動作成の目次 2

目次
見出し 1 ............................................................................... 1
    見出し 2 ........................................................................... 1
        見出し 3 ....................................................................... 1
手動作成目次

目次
章のタイトル (レベル 1) を入力してください ............................. 1
    章のタイトル (レベル 2) を入力してください ......................... 2
        章のタイトル (レベル 3) を入力してください ..................... 3

目次の挿入(I)...
目次の削除(R)
選択範囲を目次ギャラリーに保存(S)...
```

> 目次のメニューが開くので、「目次の挿入」を選択

▼

### 仕事力を上げなくても絶対に残業が減る！パソコン時短ワザ

```
はじめに ............................................................................................................................... 5
    パソコンを極めれば、仕事はもっと楽しくセクシーになる .................................................. 5
第 1 章    仕事が 10 倍速くなる「作業編」 ............................................................................. 6
    1.   ショートカットキー操作に適した手の置き方（Win） ................................................ 6
    2.   よく使うアプリケーションを一発起動（Win）
    3.   タスクバーからアプリケーションを起動する（Win）
    4.   迷ったらエクスプローラに立ち戻る（Win）
    5.   スタートメニューを表示/閉じる（Win）
    6.   カーソルを行頭・行末に瞬間移動させる（Win）
    7.   文字や文章を意のままに選択（Win）
    8.   全てのウィンドウを閉じてデスクトップを開く（Win） ......................................... 10
    9.   パスを指定してフォルダを開く（Win） ................................................................ 11
    10.  フォルダの中身を常に最新にする（Win） ............................................................. 11
    11.  何かと便利な設定チャームを表示する（Win） ...................................................... 12
    12.  離席時にコンピューターをロックする（Win） ...................................................... 13
    13.  タスクトレイや通知領域を選択（Win） ................................................................ 13
    14.  キーボードで右クリック操作を行う（Win） ......................................................... 14
    15.  システム情報を参照する（Win） ........................................................................... 15
    16.  いま見ている画面をそのままコピーする（Win） .................................................. 15
    17.  よく使う言葉を辞書登録しておく（MS-IME） ..................................................... 16
    18.  入力文字をカタカナや英数字に変換する（MS-IME） ........................................... 17
    19.  誤って変換した文字を再変換する（MS-IME） ...................................................... 17
    20.  郵便番号を住所に変換する（MS-IME） ................................................................. 18
```

> 本文やアウトラインのレベルを判別し、目次が作成される

# アウトラインで段落レベルを上下させる

アウトラインには、段落レベルを1から2にしたり、逆に、2から1にしたりと、文書作成中に変更できる機能が備わっています。

これは通常、リボン(ワード画面の上部に表示されている設定スペース)上のアウトラインメニューのなかにある「アウトラインレベル」の欄をクリックして調整します。しかし、この方法だと、確定させるまでに何回もクリックをする必要があり、手間がかかります。

それに対して、ショートカットキーを使うと、いともかんたんに段落レベルを調整することができるので、身につけない手はないでしょう。

**やり方はとてもかんたんで、目的の段落にカーソルを置いた状態で、「Shift」+「Tab」を押せば1段レベルが上がり、「Tab」を押せば1段レベルが下がります。**

段落レベルの調整法は、ほかにもありますが、「Tab」で操作するほうがミスも少なくなり、効率的だと思います。

アウトラインを使った段落レベルの調整は文書作成の基本中の基本ではありますが、ショートカットキーを知らな

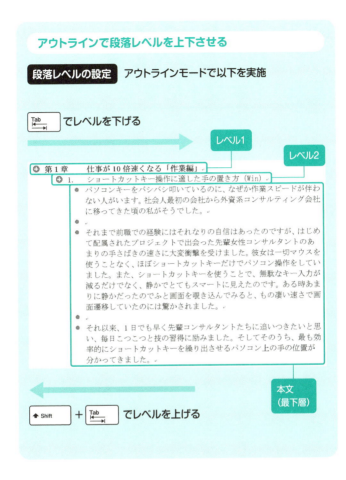

い、という人もけっこういます。

　知っているといないとでは、作業効率が大きく変わってきますので、大いに活用したいところです。

　膨大な量の文章を、テーマやタイトルごとに見やすくするには、こういった調整をいかにスムーズに行えるかが大切になってくるのです。

# アウトラインで段落のレベルを「本文」にする

　ワードの「アウトライン」機能を使って文書を作成する場合、最下層となる文章は段落レベルで言うと「本文」になります。これが文章の大半を占めるわけですが、毎回マウス操作でメニューから選択したり、「Tab」を連打したりして、本文のレベルに指定するのは、ちょっと効率が悪いですよね。そこで便利なショートカットキーを、1つ紹介しましょう。

　**じつは、「アウトライン」モードで、該当行にカーソルを合わせ、「Ctrl」+「Shift」+「N」を押すと、瞬時に段階レベルを「本文」に指定することができるのです。**

　これを、前項で紹介した「Tab」で段落レベルを上下させるワザと合わせて、章・項目・文章にそれぞれレベル指定をすれば、次項で解説する「レベルの表示」機能を使って、レベルごとに文章を表示できるようになります。

　どういうことかというと、たとえば、レベル1を章立て、レベル2を項目、最下層を本文にしている場合、章レベルだけを確認したければ「レベル1」で表示、項目レベルで重複がないかを確認したければ「レベル2」で表示、といった使い方ができるようになるのです。もちろん最下層の「本文」で表示する場合には、レベル1もレベル2も見える状態になります。

## アウトラインで段落レベルを「本文」に変更

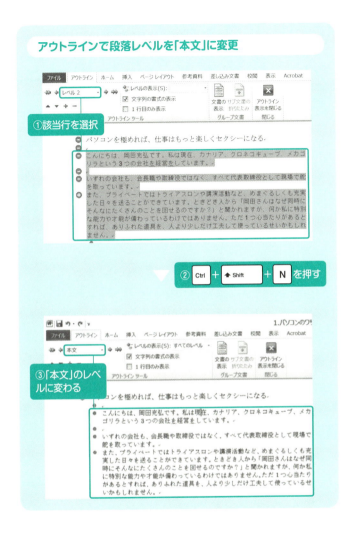

ここまで説明してきた「レベルの指定」に関するワザは、この「レベルの表示」という機能を使うためにあるといってもいいかもしれません。文書作成の肝になる機能ですので、ぜひ使いこなしてみてくださいね。

# アウトラインで段落のレベルに応じてテキストを表示する

　長い文章を書いているとき、途中で全体を俯瞰して、バランスがとれているか、重複がないか、といったことを確認したい場合があると思います。

　これを可能にする機能が、アウトラインメニューにある「レベルの表示」です。これは、レベルごとに文章を表示することのできる、とても便利な機能です。

　マウスを使って行う方法もあるのですが、何度もクリックする必要があり、手間と時間がかかるので、ここでも、ショートカッキーを使って、すばやく、意のままに、レベル表示をするための方法を紹介します。

　**アウトラインモードで、特定のレベルまでの見出しを表示するには、「Alt」＋「Shift」＋「レベルの数字」を押します。** たとえば、文書構成を章・項目・本文の3段階に設定しているとしたら、章のみを展開表示するには「Alt」＋「Shift」＋「1」、項目までを表示するには「Alt」＋「Shift」＋「2」、といった感じです。

　**ちなみに、アウトラインの最下層、「本文」まですべてを展開表示するには「Alt」＋「Shift」＋「A」を押します。** もう一度押せば、元のレベルまで折りたたまれます。

　私もこのショートカットキーの存在を知るまでは、マウスを使ってこれらの操作を行っていましたが、面倒くさく

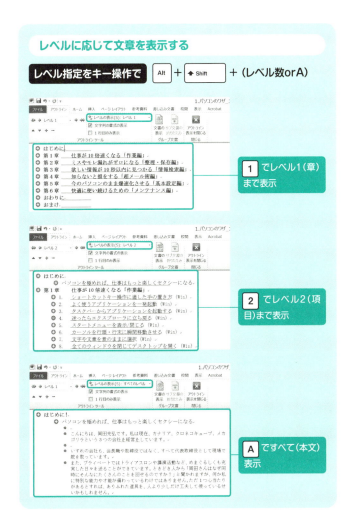

て困っていました。これを知ってからは、展開と折りたたみが瞬時に行えるようになったので、常に大局と局所、2つの視点を切り替えながらバランスよく文章を組み立てられるようになりました。

# アウトラインで章や項目を移動させる

　アウトライン機能を使って文章を書いているとき、途中で項目の順番を入れ替えたい場合があると思います。

　そんなとき、いちいち「Ctrl」+「X」と「Ctrl」+「V」で切り貼りしていたのでは、手間がかかるだけでなく、ミスも起こりやすくなってしまいます。

　じつは、こういった問題も、ショートカッキーで解決することができます。このワザを使えば、項目を一瞬で入れ替えることができるのです。

　やり方はかんたんで、まずはアウトラインメニューの「レベルの表示」で、移動させたい項目が位置するレベルを選択します。そして、入れ替えたい項目行にカーソルを合わせ、「Alt」+「Shift」+「上下」キーで、目的の位置に項目を移動させるだけです。

　また、項目ではなく、それより上位にある「章」を移動させたい場合には、同じくアウトラインメニューの「レベルの表示」で章のレベルを選択したあと、カーソルを動かしたい章の位置に置き、「Alt」+「Shift」+「上下」キーで、目的の位置に章を移動させます。ただし、「章」のなかには、いくつかの「項目」が含まれているため、「Alt」+「Shift」+「上下」キーを何度か押す必要があります。

## 章や項目の移動

**項目を移動する場合** 「レベルの表示」→レベル2

行上で `Alt` + `Shift` + `↑` `↓`

```
ファイル  アウトライン  ホーム  挿入  ページレイアウト  参考資料
```

- ❶ はじめに。
  - ❶ パソコンを極めれば、仕事はもっと楽しくセクシーになる。
- ❶ 第1章　仕事が10倍速くなる「作業編」。
  - ❶ 1.　ショートカットキー操作に適した手の置き方 (Win)。
  - ❶ 2.　よく使うアプリケーションを一発起動 (Win)。
  - ❶ 3.　タスクバーからアプリケーションを起動する (Win)。
  - ❶ 4.　迷ったらエクスプローラに立ち戻る (Win)。
  - ❶ 5.　スタートメニューを表示/閉じる (Win)。
  - ❶ 6.　カーソルを行頭・行末に瞬間移動させる (Win)。
  - ❶ 7.　文字や文章を意のままに選択 (Win)。

**章ごとを移動する場合** 「レベルの表示」→レベル1

行を選択して `Ctrl` + `X` ▶
移動先の行頭で `Ctrl` + `V`

```
ファイル  アウトライン  ホーム  挿入  ページレイアウト
```

- ❶ はじめに。
- ❶ 第1章　　仕事が10倍速くなる「作業編」。
- ❶ 第2章　　ミスやモレ漏れがゼロになる「整理・保存編」。
- ❶ 第3章　　欲しい情報が10秒以内に見つかる「情報検索編」。
- ❶ 第4章　　知らないと損をする「超メール術編」。
- ❶ 第5章　　今のパソコンのまま爆速化させる「基本設定編」。
- ❶ 第6章　　快適に使い続けるための「メンテナンス編」。
- ❶ おわりに。
- ❶ おまけ。

ですから、**章を移動させる場合には、通常の「Ctrl」＋「X」と「Ctrl」＋「V」で切り貼りして移動させたほうが速いでしょう。**

　いずれにせよ、集中力を切らさず長文を編集するのに大変便利なワザですので、ぜひ使っていただければと思います。

第**5**章

# 意外と知らない!?

## PDF便利ワザ編

たとえば、提案書をパワーポイントでつくったあと、お客様に提出するためにPDF形式に変換するなど、ビジネスシーンでは、PDFファイルを扱う機会も多いのではないでしょうか?

公的な文書のやりとりなどに使われることが多いせいか、PDFファイルは「編集できない」と思われがちですが、そんなことはありません。じつは、PDFを扱うためのアプリケーションである、Adobe社の「Acrobat」には、作成だけでなく、編集・加工・管理など、文書管理に役立つ機能がたくさん備わっています。

ここからは、時短につながる、Acrobatのより便利な使い方を紹介していきましょう。

# ＰＤＦファイルに「注釈」を入れる

　Acrobatに関するワザのなかでも、私がよく使うのが「注釈」です。これはPDFドキュメント上にメモを挿入できる機能。使い方は、以下のとおり、とてもかんたんです。

　**まず、ショートカットキーである「Ctrl」+「6」を押し、「注釈」ウィンドウを開き、ここにメモ情報を入力していくだけです。**
　このとき、フォントを初期設定以外の種類やサイズにしたい場合は、**まず「Ctrl」+「K」で環境設定を開きます。次に、左側のメニューで「注釈」を選択し、右側の「注釈の表示」欄にある「フォント」と「フォントサイズ」を変更します。**これで次回から、注釈を利用するときに、好みのフォントが反映されるようになります。
　その都度フォントのサイズを調節したい人は、テキストを選択した状態で、「Ctrl」+「E」を押し、ポップアップテキストのプロパティバーから「テキストサイズの拡大/縮小」ボタンを選択し、調節する方法もあります。
　「注釈」は、文書の記録・備忘録としての価値を上げる重要な機能ですので、ぜひ活用してみてくださいね。

## 「注釈」の設定と利用法

### フォントの種類とサイズ設定  Ctrl + K  ※初期設定

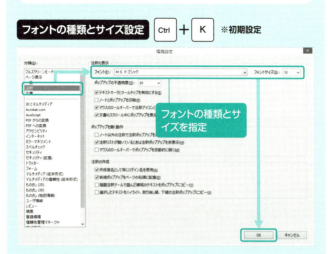

フォントの種類とサイズを指定

### 注釈の利用  Ctrl + 6

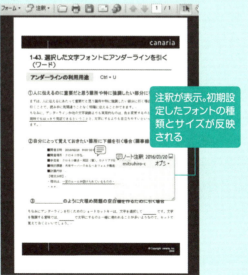

注釈が表示。初期設定したフォントの種類とサイズが反映される

第5章 意外と知らない!? PDF便利ワザ編

# PDFの画面倍率を自由自在に変更する

　PDF文書は、他人とのやりとりのなかで使われる場合が多いのではないでしょうか。自分でしか使わない文書であれば、作成時に使ったアプリケーションの形式のまま保管しておけばいいからです。

　PDF化するということは、自分以外の読み手がいることを前提に、オリジナリティを守ったり、コピーを防ぐといった意味があるはずです。しかし、それが仇となって、フォントが小さくて見にくい、画面が拡大されすぎていて全体を見られないなど、つくり手との環境の違いによる表示上の問題が発生することがあります。読みづらいものをそのまま閲覧していては、時間がもったいないですよね。

　ここでは、そんな問題を解決する、画面倍率をスマートに変えるためのショートカットキーを5つ紹介しましょう。

①**画面倍率の拡大縮小**：「Ctrl」+「+」で拡大、「Ctrl」+「−」で縮小します。実際の画面を見ながら、細かく調整できるので、とても便利です。

②**画面倍率の指定**：「Ctrl」+「Y」で数値を入力、または選択することで、表示倍率を直接指定できます。

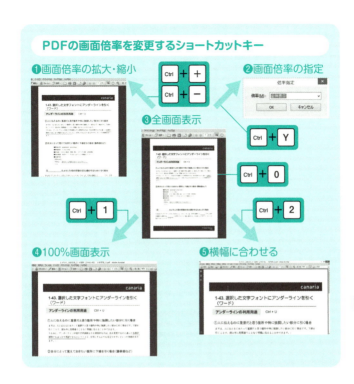

③**全画面表示**:「Ctrl」+「0」で画面に1ページが収まるよう表示されます。全体像を確認したい場合に便利です。

④**100%画面表示**:「Ctrl」+「1」で標準的な倍率で表示してくれます。全画面表示よりも大きく表示されるため、注釈など、文字入力するときなどにおすすめです。

⑤**横幅に合わせる**:「Ctrl」+「2」で画面の横幅に合わせて表示されます。100%画面表示よりもさらに大きく表示されるため、文書の細部を確認する場合にいいでしょう。

# PDFファイルの見たいページに瞬間移動

　何ページもあるPDF文書の途中ページを確認したいことってありますよね？　数ページ先くらいの話であれば、「左右」キーを何回か連打すればいいのですが、何十ページも先になってくると、ページ送りするだけでもちょっとした手間になります。そこで紹介したいのが、ショートカットキーを使ったページ指定の方法です。

　操作はかんたんで、「Ctrl」＋「Shift」＋「N」を押すと「ページ指定」のダイアログが開くので、そこにページ番号を入力してOKを押すだけです。どんな状態からでも瞬時に指定ページに移動できるので非常に便利です。

　また、PDF文書を扱う際「ページ指定」と同じくらい頻繁に使うのが、「プロパティ」の表示です。プロパティとは、その文書やファイルに関連する情報がまとまっている場所のことですが、私はよく、ファイルの「保存場所」と「ファイルサイズ」を確認するのに使っています。ちなみに、ショートカットキーは「Ctrl」＋「D」です。

　保存場所は、プロパティに記載されているファイルパスをクリックすると保存先のフォルダが開くので、かんたんに確認できます。保存先のフォルダ内に、ほかにどんなファイルがあるのかを調べたり、保存先のファイルパスをコピーして人に伝えたいときなどに大変便利です。

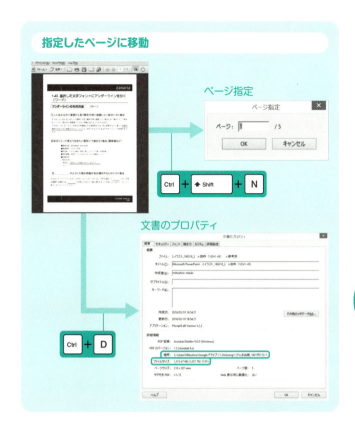

　「ファイルサイズ」は、ファイルをメールで送る際などに、容量が大きくなりすぎていないかをチェックするために確認します。もし容量が大きくなりすぎている場合は、ページ数を減らしたり、画像を圧縮して再度PDF化するといった対応を行います。

　こういった地味なワザをいかに自然にできるかで、文書管理や編集効率が大きく変わってくるので、見逃せないところですね。

# PDFファイルの
# ページを削除する

　PDF文書の不要なページや、スキャンの際に混ざってしまった白紙ページなどを削除する際、いちいち画面左側の「ナビゲーションパネル」からページ選択して削除するのって、効率が悪いですよね。1、2ページ程度ならまだしも、まとまったページを削除するとなると、とてつもなく手間がかかってしまいます。

　そんなときに便利なのが、ショートカットキーを使って指定したページを削除する方法です。

　じつは、「Ctrl」+「Shift」+「D」を押すと「ページの削除」ダイアログが開き、「開始ページ」と「終了ページ」を指定することで、複数ページをまとめて削除することができるのです。

　ちなみに、ナビゲーションパネルでページが指定されている場合は、少し見え方が変わり、「選択したページ」が選択されている状態で、「開始・終了ページ」の両方を選択できるようになっています。いずれかを選んでOKするとページが削除されます。

　PDFファイルは、世の中に広く行き渡るような公的な文書や紙資料を、とりあえずデジタル化する際に使われることが多いため、自分にとって必要のない余計なページが混ざっているケースも多くあります。このような理由から、

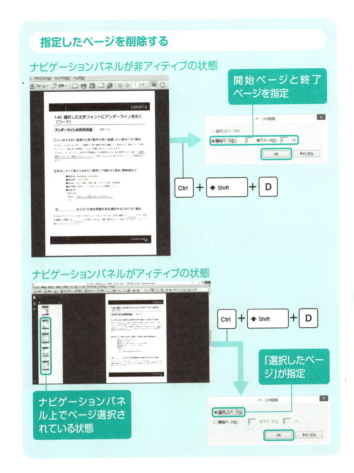

PDFのページ削除機能を使う機会は、思いのほかたくさんありますので、このワザを身につけることで、資料作成にかかる時間がかなり節約できるのです。

また、文書編集のテンポがよくなり、無用なストレスからも解放されることでしょう。

# ページ挿入機能で、複数のPDFファイルを1つにまとめる

「プロジェクトに関連する資料や、参考文献などのPDFファイルの一部を抜き出して、1つのレジュメにまとめたい」。仕事をしていると、複数のPDFファイルを統合して管理、閲覧したいという場面が出てきます。

やり方がわからず、一度紙に出力し、スキャンして1つにまとめているという人も多いのではないでしょうか。

私の会社でも、社内情報をわかりやすく整理・保存するために、関連文書をできるだけ1つにまとめるよう、小マメに統合作業を行っています。そんなときに便利なのが、ショートカットキーを使ってページを挿入する方法です。

**ショートカットキーでページ挿入するには、まず「Ctrl」+「Shift」+「I」を押します。すると、「挿入するファイルの選択」というダイアグラムが開きます。**

**そこで、挿入したいファイルを選択し、「選択」ボタンを押すと、「ページの挿入」というダイアグラムが表示され、位置を指定して挿入することができるのです。**

また、この作業はマウスを使って直感的に行うこともできます。私はこの作業に関しては、マウスを使うことを自分に許可しています。

やり方は、**まず挿入元と挿入先のPDFファイルをそれぞれ開き、画面左右に並べます。**

　次に、両方のナビゲーションパネルの「ファイル」を開き、挿入したいページを選択して挿入先までドラッグ・アンド・ドロップで移動させるだけです。本当にかんたんで便利ですので、ぜひ試してみてくださいね。

# PDFファイルのページを最速で回転させるショートカットキー

「資料をスキャンしたらページの向きがタテ・ヨコ逆だった」「送られてきたPDF資料の一部に向きが異なるものが混ざっていた」……。あなたも、このような経験をしたことがあるのではないでしょうか？

些細なことではありますが、そのままでは読みにくいですし、他人に見せる資料であれば不親切ですよね。どんな文書でも、スキャンしたり、送られてきたりしたら、その時点で中身を軽く一読して確認しておきたいところ。もし、向きが異なっていたら、すぐ修正しましょう。あとでやろうと思っても、結局忘れてしまうのですから。

しかし、その都度ナビゲーションパネルからページを選択して、右クリックメニューから1つひとつ回転させていくのは手間がかかりますよね。そんなときに便利なのが、ショートカットキーを使ってページを回転させる方法です。

やり方は2つあります。

1つは、ページそのものを回転させる方法です。該当のページが表示されている状態で、「Ctrl」+「Shift」+「R」を押すと「ページの回転」ダイアログが開きます。そこで、回転させたい方向と角度、回転させたいページ範囲を指定してOKを押せば回転させることができます。

もう1つは、ページそのものではなく、表示の向きだけ

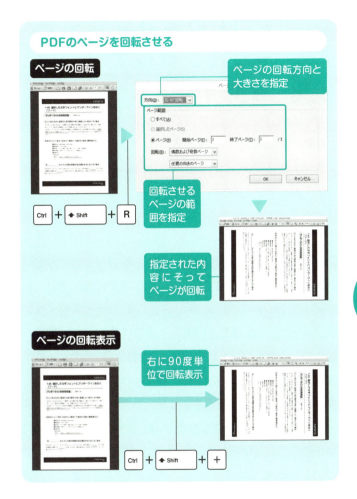

を回転させる方法です。「Ctrl」+「Shift」+「+」を押すと、「ページの回転」ダイアログを表示させず、そのまま右に90度単位で回転させることができます。

　この方法は、共有ファイルなど、オリジナルを更新できないファイルの内容を確認するのに便利です。

# PDFの余計な部分を
# トリミングして
# 見やすくする

　書籍や文献をスキャンした場合など、ページ内の余白が大きく、肝心の部分が小さくて見えにくいことがあります。そんなときに便利なのが、ページの余白をトリミングするワザです。

　ショートカットキーは、該当ページで「Ctrl」+「Shift」+「T」。すると、「ページのトリミング」が開くので、「余白の制御」欄でトリミングの幅を指定します。

　ダイアログの右側に、トリミング後のサイズのイメージが表示されるので、「Alt」+「O（上）」、「B（下）」、「L（左）」、「R（右）」のいずれかを押し、目的のボックスを選択、「上下」キーで調整することで視覚的にトリミング幅を調整することができます。

　その後、トリミングする範囲は、すべてのページなのか一部なのかを選択してOKを押せば完了です。

　この方法をうまく使えば、雑誌の切り抜きのように、PDFページ内の一部を抽出することも可能です。

　また、Acrobatの「スナップショット」という機能を使っても同じことができますので、紹介しておきます。

　メニューの「ツール」→「選択とズーム」→「スナップショットツール」→PDF画面上で範囲を選択→コピーされた状態になりますので、オフィスソフトやペイントツ

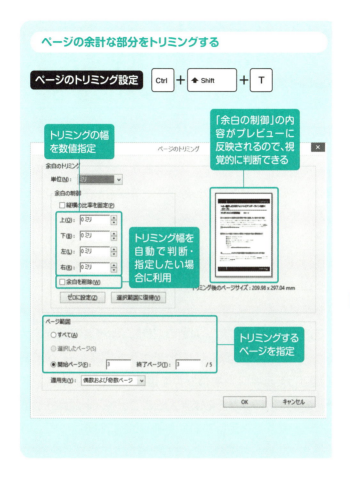

ールなどに貼り付けてから、名前をつけて保存すれば、さまざまな用途に使えるようになります。

　小さな切り抜きであれば、トリミングよりもこちらの方法のほうがかんたんかもしれません。

　これらのワザを上手に使いこなせるようになれば、PDF活用の幅が広がり、より作業を効率化できるはずです。

# スキャンしてつくった PDF文書の文字を認識、検索できるようにする

　紙資料をスキャンして作成したPDF文書は、ワードやパワーポイントなどのオフィスソフトから変換されたものと違い、文書内の文字情報を読み取って検索したり、コピーしたりすることができません。しかし、それを可能にする方法があるのです。

　じつは、Acrobatの「OCRテキスト認識」という機能を使えば、スキャンして作成したPDF文書の文字を読み取ることができます。

　**この機能を使うには、対象のPDFファイルを開き、メニューの「文書」から「OCRテキスト認識」→「OCRを使用してテキストを認識」を選択すると「テキスト認識」のダイアログが開きます。そこでテキスト認識させたいページ範囲を指定してOKを押せば完了です。**

　また、前述の手順で「OCRを使用してテキストを認識」ではなく、「OCRを使用して複数のファイルのテキストを認識」を選択すると、複数のファイルをまとめて、読み取り可能なファイルに変換することができます。複数の資料をスキャンしたときは、この方法でいっきに変換するといいでしょう。

　私の会社でも、取引先などから紙資料をもらった際は、すぐスキャンしてOCRテキスト認識して保存するように

## PDF文書を検索可能にする

### メニューの「文書」⇒「OCRテキスト認識」⇒①or②

**❶「OCRを使用してテキストを認識」を選択**

**❷「OCRを使用して複数のファイルのテキストを認識」を選択**

しています。社内ルール化することで情報共有や情報活用が促進されますので、ぜひおすすめしたいところです。

第 **6** 章

# パソコン内の
# 探し物が
# なくなる！

## フォルダ・ファイルの整理編

「いざというときに資料が見つからない」「どこに保存したかわからなくなってしまった」……。

そんな苦い経験が、あなたにもあるのではないでしょうか。なかには、毎日このようなトラブルに見舞われているという人もいるかもしれませんね。

人間は一生のうち、じつに150日以上もの時間を探し物に使っていると言われています。できることなら、探し物に費やす時間やストレスから解放され、毎日を快適に過ごしたいものです。

そこで、本章では、パソコン内のフォルダやファイルを整理し、迷うことなく、最速で目的のファイルにたどり着けるようになるための、さまざまなワザを紹介していきます。

# 保存場所がすぐわかる!
# フォルダの「階層」を
# ツリー表示で可視化する方法

　あたり前の話ですが、目的のファイルにすぐたどり着けるようにするためには、そのファイルがどこに保存されているかを覚えておかなければなりませんよね。

　しかし、仕事で扱うファイルの量は膨大ですから、ほとんどの場合、フォルダのなかに、さらにフォルダをつくるなど、保存場所が複雑になっているはずです。

　ですから、パソコン内での探し物をなくすには、そのファイルが収められているフォルダの構造を正しく把握しておく必要があります。しかし、何度もフォルダを開いて1つひとつ位置を確認していくのは手間がかかります。

　そこで、おすすめしたいのが、現在開いているファイルまで、すべてのフォルダの階層をナビゲーションウィンドウ上で「ツリー表示」してくれる設定です。ナビゲーションウィンドウとは、次の図のように、ファイルの左側に表示されるウィンドウのことです。手順は次のとおりです。

　まず、62ページでお伝えした「エクスプローラー」か、フォルダ上で、「表示」→「オプション」→「フォルダーと検索のオプションの変更」を選択、「フォルダーオプション」を開きます。そして、「全般」タブが開いていることを確認し、ナビゲーションウィンドウの「自動的に現在のフォルダーまで展開する」にチェックを入れてOKを押

### 現在のフォルダまでツリー表示する

エクスプローラー or フォルダ上で、「表示」→「オプション」→「フォルダーと検索のオプションの変更」を選択→「フォルダーオプション」

チェックを入れてOKを押す

ナビゲーションウィンドウ

現在開いているフォルダまでツリー表示される。ドラッグ・アンド・ドロップでファイル・フォルダをかんたんに移動することも

すと、現在開いているフォルダまでツリー表示されるようになります。この設定をすると、どのファイルが、どの階層のフォルダに入っているかを、可視化できるので、ファイルの保存場所がより深く記憶に刻まれるようになります。

一度設定してしまえば、その後ずっと表示されますので、ぜひ、試してみてください。

# 必要なファイルが すぐ見つかる! フォルダ整理のルール

あなたは、「MECE（ミーシー：Mutually Exclusive and Collectively Exhaustiveの略）」という思考法をご存じですか？ MECEとは、コンサルティング業界などで論理構造を理解したり、課題発見するために使われる、モレやダブリを防ぐためのグルーピングの技術です。これが、フォルダをはじめとする、パソコン内の整理に役立つのです。

MECEの考え方の基本は、まず全体（この場合は大元のフォルダとその中身）を把握し、それをどのような切り口で分類していくかを考えます。

たとえば、次ページの図のフォルダの2階層目は、「部門」という切り口で分類されており、「営業」「マーケ（ティング）」「制作」という、3つの部門のフォルダが並んでいます。

もし、この階層に、「伝票」というフォルダを入れてしまったら、どの部門に関する伝票が収められたフォルダなのかがわからなくなってしまいますよね。もしかすると、2階層目に収められている伝票と同じものが、それぞれの部門のフォルダ（3階層目）のなかにも入っているかもしれません。これでは、ダブリが発生してしまいます。

ですから、**各階層の「切り口」で、情報の「レベル感」をそろえるよう意識しましょう。**

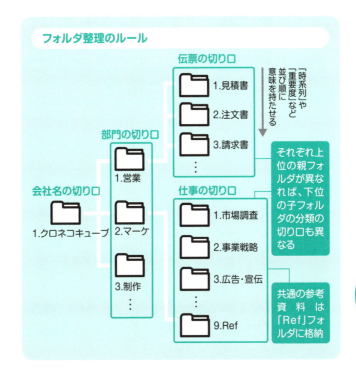

　また、各フォルダ内に収められているフォルダやファイルの並び順も大切です。**時系列や重要度、緊急度など、適切な順序で番号をつけ、並べるようにしましょう。**

　たとえば、上図の「伝票」のフォルダ内は、「見積書」「注文書」「請求書」という、作業が発生する順番（時系列）で並んでいます。

　このように、フォルダを整理する際は、ルールをつくることによって、誰でも直感的に、最短で必要なファイルにたどり着くことができるようになるのです。

# 最新のファイルが一瞬で見つかる！ ファイル名に入れる4つの情報

「気づいたら誤って古いバージョンのファイルを更新してしまっていた」「どれが最新のファイルなのかがわからなくなってしまった」……。

誰しも一度はこのような経験があるのではないでしょうか？ このような悲劇を生まないための、最もいい方法は、ファイル名のつけ方に関するルールをつくることです。

**私がおすすめする、ファイル名のルールは、「項番号.カテゴリ」「固有名詞」「日付情報」「バージョンNo」という4つの情報を含めることです。**

たったこれだけのルールで、ファイルが自動的にフォルダ内で規則正しく整列し、新旧の取り違いやダブり、モレを劇的に減らすことができるのです。

ただし、ファイルをいろいろな目的で使うからと、オリジナルファイルをコピーしてあちこちのフォルダに保存することだけは絶対に避けてください。せっかく名前をつけても、同じ名前のファイルが複数あると、結局どれが最新のファイルなのかがわからなくなってしまい、古いファイルを誤って更新してしまう可能性が高くなるからです。

「覚えているから大丈夫」と油断して、一度でもやってしまうと、あとから整理・修正するのは至難の業です。

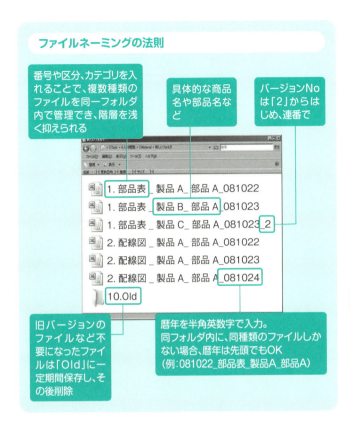

　オリジナルファイルは1つだけにして、必要に応じてショートカットを作成して運用することをおすすめします。もしショートカットのリンクが切れてしまった場合には、「右クリック」→「プロパティ」から、「リンク先」欄に正しい情報を入力するようにしましょう。

　ファイル名を正しくつけることが、無用な情報トラブルを防ぐ第一歩になります。ふだんから規則正しい情報管理を心がけ、気持ちよく仕事をしたいものですよね。

# たくさんの
# ファイル名を
# 超速で変更するワザ

　前項でお伝えしたように、ファイル名を正しくつけることは、パソコン内を整理するうえでとても重要なことです。ただ、「これからファイル名を全部変更するなんて、量が多すぎてムリ……」と思った人も多いことでしょう。

　その気持ちはよくわかります。通常、複数のファイル名を変更するときは、マウスでクリックし、1つずつ変える。もしくは、ファイルを選択→「F２」を押してファイル名を変更可能な状態に→ファイル名入力→「Enter」で確定→「上下左右」キーで次のファイルに移動→また「F２」を押して……、という繰り返しになるかと思います。しかし、これでは時間がいくらあっても足りません。

　じつは、このような面倒な手順を踏まずに、サクサクと名前を変更できる方法があるのです。

　その方法とは、**まずファイルを選択し、「F２」を押してファイル名を入力します。その後、「Enter」を押さず、「Tab」を押すと、すぐ下のファイル名が入力可能な状態になるのです。入力が終わったらまた「Tab」を押せば、どんどん下に移動していくことができます。**

　たったこれだけの操作で、驚くほどかんたんに複数のファイル名を変更できるようになるのです。

　さらに、複数のファイルにまとめて連番をつける方法も

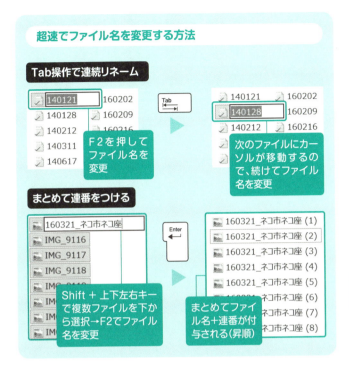

あります。これは、写真などの整理に大変便利です。

　まず、連番のいちばん最後にしたいファイルから順次「Shift」+「上下左右」キーで選択していきます。そこで「F2」を押し、ファイル名を変更、「Enter」を押すと、ファイル名の末尾に（1）（2）（3）……、と連番が付与され、いっきにリネームされるのです。

　これら2つのワザを使えば、大量のファイル名を短時間で変更することができるようになります。仕事のスキマ時間などに、こまめに変更するクセをつければ、パソコン内の情報整理も、いっきに進むことでしょう。

# フォルダ内のたくさんあるファイルのなかから、必要なものを一瞬で開く

　フォルダ内には、通常複数のファイルが入っているはずです。しかし、格納されているファイルの数があまりにも多いと、見つけるのに時間がかかります。

　このような時間のロスをなくすために、ここでは、フォルダ内で目的のファイルやフォルダにいっきに飛ぶ方法を紹介しましょう。

　**じつは、目的のファイル・フォルダ名の頭文字を英数字にしておけば、フォルダが開いた状態でその英数字を押すと、瞬時にそのファイルやフォルダまでカーソルを移動することができるのです。**

　たくさんのファイルが入っているフォルダがあって、毎回検索に時間がかかる場合は、入っているファイル名の前に、数字、もしくはアルファベットをつけておくといいでしょう。

　余談ですが、**ファイルやフォルダを選択した状態で、「Alt」＋「Enter」を押すと、そのファイルのプロパティを瞬時に開くことができます。**ファイルのデータ容量を調べたり、作成日時を知りたいときには、このワザを使うといいでしょう。

## フォルダ内でカーソルを自在に操る

 このように、フォルダ内で必要な操作も、マウスを使わず行うことができるのです。

 仕事でパソコンを使う人は、ほぼ毎日アクセスするであろうフォルダ。これを効果的に扱う技術を身につけることで、仕事の生産性は飛躍的に向上するはずです。

# Trick 068
# 毎日使うファイルは、デスクトップではなくスタートメニューにしまう

11分短縮

　毎日使うフォルダやファイルは、デスクトップに置いておく。このような人はとても多いのではないでしょうか。

　しかし、デスクトップ上でフォルダやファイルを管理するのは、プレゼン時など、好ましくない場合もありますし、メモリを圧迫して起動時間を遅くする原因にもなります。

　また、デスクトップに保存するものが増えると、探すのに時間がかかってしまいます。

　**そこで、よく使うフォルダやファイルの保存先としておすすめなのが、「スタートメニュー」です。**

　スタートメニューは、アプリケーションを収納する場所だと思い込んでいる人も多いと思います。しかし、スタートメニューには、フォルダやファイルを保存することもできるのです。

　40ページで、たまにしか使わないアプリケーションはスタートメニューに置いておく、とお伝えしましたが、同様の方法で、よく使うファイルを保存しておきましょう。

　お使いのOSにスタートボタンがない、またはあっても使いにくい場合は、前述したフリーソフト「Classic Shell」を使ってWindows 7のようなシンプルなスタートメニューを再現するといいでしょう。

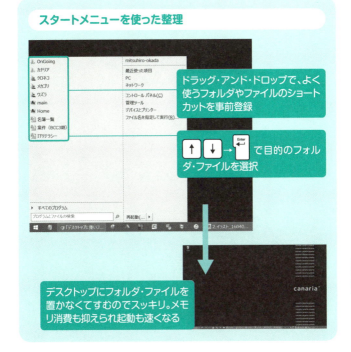

　こうしておけば、「Windows」キーを押してスタートメニューを開き、「上下」キーでファイルを選択し、「Enter」を押すだけで目的のファイル・フォルダを瞬時に開くことができます。

　私の場合は、日ごろよく使う名簿や管理表などのファイルのほかに、直近のタスクに関する情報を入れた「OnGoing」フォルダ、経営する4つの会社に関するフォルダをスタートメニューに登録しています。

　日常的に使うフォルダやファイルにすばやくリーチできますし、デスクトップもスマートになるのでおすすめです。

第 **7** 章

# 最速で
# 必要な情報を
# 見つけ出す！

## 情報検索編

仕事で必要な調べ物はインターネットで行う、という人が大半だと思います。しかし、ネット上の情報は日々、爆発的に増え続けており、検索しても必要な情報になかなかたどり着けない、という人も多いのではないでしょうか?

ネット上にあふれる大量の情報のなかから、自分にとって本当に必要な情報を見つけ出すためには、「検索の技術」が必要です。この「技術」を身につけることができれば、ネット検索にかかる時間を大幅に短縮することができます。

さらに、必要な情報にすぐアクセスできるようになれば、パソコン内に大量のデータを保存しておく必要がなくなり、パソコン自体のスピードも上げることができます。

本章では、検索エンジンの代表格である、Googleの機能を中心に、必要な情報に、最短でアクセスするためのワザを紹介していきましょう。

# 思いついたら5秒以内に検索できる環境のつくり方

　ブラウザを立ち上げて、マウスで検索バーを選択してから、検索ワードを打ち込む……。調べ物をするとき、何げなくやっている行為ですが、毎回このような手順を踏むのは手間と時間がかかります。

　また、知りたいことが思い浮かんだとき、速やかに検索しないと、すぐに「まっ、いっか」という気持ちが生まれ、結局そのままにしてしまう、ということも考えられます。

　そうならないようにするためには、瞬時に検索できるワザを身につけておく必要があります。

　そこで、ブラウザのアドレスバーを使って検索する時短ワザを紹介しましょう。

　**ブラウザを開き、「Alt」＋「D」を押すとアドレスバーにカーソルが移動します。あとはキーワードを入れて、「Enter」を押せば検索結果が表示されます。**その際の検索エンジンは、Internet Explorerなら「Bing」、Chromeであれば「Google」が適用されます。この方法であれば、マウスを使うより速く検索することができます。

　さらに、私がおすすめしたいのは、無料の検索ツール「ESTARTデスクトップバー（http://start.jword.jp/desktop/）」を使う方法です。お使いのパソコンに、このツールをインストールしておけば、**どんな状況でも**

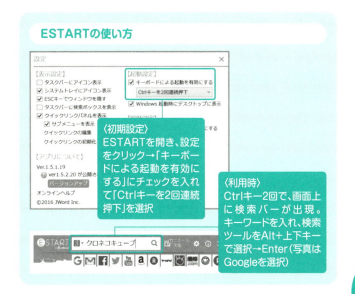

**「Ctrl」を2回押すだけで瞬時に検索バーが開き、キーワード検索を実行することができます。**検索前にブラウザを立ち上げる必要すらなく、検索にかかる時間を劇的に短縮することができます。

このツールのすごいところは、Google検索だけでなく、YouTubeやAmazon、Twitterの検索にも対応しているところです。やり方もシンプルで、検索ボックスにキーワードを入れて「Alt」+「上下」キーでツール選択してから、「Enter」で確定するだけです。文章だけだと、なかなか便利さが伝わりづらいかもしれませんが、実際にインストールして使ってみると、本当に便利で驚くと思います。

思いついた瞬間に検索できるような環境と習慣を、ぜひ身につけてください。

# 必要な情報だけが手に入る！
# Googleの検索結果の
# 精度を高めるワザ

　インターネットで検索しても、必要な情報になかなかたどり着けない……。こんな経験、ありませんか？

　ネットにあふれる、膨大な情報のなかから、自分にとって有用な情報に最短でアクセスするためには、検索キーワードに関する工夫が必要です。キーワードの設定のしかたによって、検索結果の精度が大きく変わってくるのです。

　ここでは、Google検索を使って、必要な情報によりはやくたどり着くための基本的な方法を6つ紹介します。

① **A（スペース）B**：「A」・「B」両方のキーワードが含まれている情報を検索します。最もよく使われる検索手法で、特定の条件に合った情報を導き出すのに便利です。

② **A（スペース）OR（スペース）B**：「A」・「B」いずれかのキーワードが含まれている情報を検索します。対象を幅広くとって調べるときにいいでしょう。

③ **A（スペース）－B**：「B」のキーワードが含まれる情報を省いて「A」の検索結果を表示します。キーワードにいくつかの意味を持つ言葉が含まれている場合、必要のないほうを除外しておくことで、検索精度が高まります。

## 検索の精度を劇的に高める6つのワザ

| 名称 | 内容 | 例 |
|---|---|---|
| ①AND検索 | A（スペース）B<br>AとBが含まれる | 謎解き　イベント<br>（※約353,000件） |
| ②OR検索 | A（スペース）OR<br>（スペース）B<br>AかBが含まれる | 謎解き OR イベント<br>（※約23,000,0000件） |
| ③マイナス検索 | A（スペース）−B<br>Bを含まないA | カナリア　−鳥 |
| ④完全一致検索 | "A"<br>Aが単語として<br>含まれる | "クロネコキューブ" |
| ⑤ワイルドカード検索 | A*<br>Aと曖昧な語句で<br>検索 | クロネコキュー* |
| ⑥単語の意味検索 | Aとは<br>Aの解説を結果表示 | IOTとは |

④ **"A"**：「"」で囲むことで、「A」のキーワードと完全に一致する言葉が含まれる情報のみを表示します。固有名詞など、特定の言葉が含まれる情報を調べる際に適しています。

⑤ **A***：単語のあとに「アスタリスク」をつけることで、不明瞭な語句を考慮したうえで検索結果を表示します。言葉の一部しか思い出せない場合などの検索に適しています。

⑥ **Aとは**：単語の意味を検索したいときに便利です。言葉の解説が検索結果の上位に表示されます。

# 一瞬で「お気に入り」を開く、登録する方法

　Internet Explorerの「お気に入り」。あなたもよく使っているのではないでしょうか。ここに役に立ちそうなサイトを保存しておけば、パソコンの容量を圧迫することなく、必要な情報にすぐアクセスすることができます。しかも、これらは大抵クラウド上で同期できるので、デバイスを選ばず情報を管理できるのも魅力です。

　ここでは、「お気に入り」を使う際に役立つショートカットキーを3つ紹介しておきます。

① **「お気に入り」に登録する**：「Ctrl」+「D」。慣れると、お気に入りへの登録がサクサクできるようになります。

② **「お気に入りセンター」を表示する**：ショートカットキーは「Ctrl」+「I」（閉じる際は「Esc」）です。フォルダのように「上下左右」キーで展開表示できるのでとても便利です。

③ **「お気に入り」をバックアップする**：日常的に使う機能ではありませんが、パソコンを入れ替える際や、チームのメンバーと「お気に入り」を共有する際に役立ちます。

　手順は、「Alt」+「F」→「インポートとエクスポート」

→「ファイルにエクスポートする」→次へ→「お気に入り」にチェック→次へ→対象のお気に入りフォルダを選択→エクスポート先を指定→「エクスポート」、で完了です。

「お気に入り」と聞くと、目新しさがなくて、興味がわかないかもしれませんが、よく使う機能こそ、ショートカットキーを覚え、短時間で効率的に情報を管理できるよう意識しましょう。

# 契約書や依頼書、公的文書のひな形をネットからゲットする

契約書や依頼書、公的文書など、仕事にはたくさんの文書を使用しますが、新たな文書が必要になるたびにゼロからつくっていたのでは、大変な手間になってしまいます。

そんなときに便利なのが、Google検索を使って文書のひな形を探す方法です。やり方は次のとおり。

**検索ボックスに「filetype:(拡張子)(スペース)(文書名)」の規則で必要情報を入力するだけです。**

ちなみに、拡張子はさまざまなタイプを指定することができます。ワードファイルであれば「doc」か「docx」、エクセルは「xls」か「xlsx」、パワーポイントは「ppt」か「pptx」、PDFは「pdf」、写真は「jpg」と入力します。

たとえば「filetype:pdf 業務委託契約書」で検索すると、契約書の作成に役立つひな形や例が多数見つかります。また、社会保険の「被保険者資格取得届」のような公的文書が必要な場合にも役立つので、おすすめです。

ちなみに、**「filetype:」の左に「ハイフン」を入れて「-filetype:(拡張子)(スペース)(文書名)」と入力すると、指定したファイル形式を除いた検索結果を表示させることもできます。**

私の場合、各種契約書や社会保険関係の公的文書、見積書・請求書などの業務文書、公開企業の決算短信や有価証

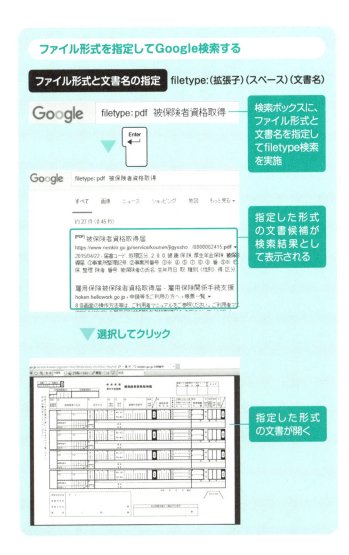

券報告書などを探すときに使っています。

　ただし、なかには二次利用NGのものもあるので、著作権規定等にはご注意くださいね。

# Googleの検索以外の超便利機能を使い倒す

　Googleは検索機能だけだと思っていませんか？　じつは、Googleには検索以外にもいろいろ便利な使い方があるのです。ここでは、私が効率化や身のまわりの道具を減らすために、とくに重宝しているワザを4つ紹介します。

①計算機：Googleは計算機として使えるのをご存じでしょうか？　わざわざ机から電卓を取り出したり、パソコンの電卓機能を呼び出さなくても、ブラウザ上でかんたんに計算ができてしまうのです。使い方は超かんたん。

　検索ボックスに「24000＊1.08」のように数式を入力して「Enter」を押すと「電卓」画面上に計算結果を表示してくれるのです。あまりに便利なので、私はこの機能を知ってから、電卓をいっさい使わなくなりました。

②翻訳：計算機と並んで、私が頻繁に使うのが翻訳機能です。使い方はとてもシンプル。たとえば、英単語を日本語に訳したい場合、「英和（スペース）（英単語）」と入力して「Enter」を押すと日本語訳を表示してくれます。もちろん、「和英（スペース）（日本語）」と入力し、「Enter」を押せば日本語を英単語に変換してくれます。さらに、スピーカーマークを押せば発音まで聞くことができます。

## Googleの検索以外の便利機能①

### 計算機

※「*」は ×(かける) の意味

### 翻訳

③**単位換算**：ある単位を、別の単位に変換することができます。たとえば、1ドルを円に換算したい場合は「1ドルは何円」、1トンをキログラムに変換したい場合は、「1トンをキログラムに」と検索ボックスに入力し、「Enter」を押せば、答えが表示されます。

変換できる単位は、温度や長さ、質量、速度、体積、面積、時間、燃料など、多岐に渡ります。

④**天気予報**：Googleを使えば天気予報も驚くほどかんたんに調べることができます。たとえば、神戸の天気を調べたい場合、「weather：神戸」、もしくは「天気（スペース）神戸」と入力し、「Enter」を押すと、神戸の1週間の天気や気温の予測が表示されます。

ここで紹介したもの以外にも、Googleにはまだまだ便利な機能が隠されています。

ぜひみなさんもいろいろ試して、自分だけの活用法を見つけてくださいね。

## Googleの検索以外の便利機能②

### 単位換算

質問調のキーワードを入力するだけで、単位換算フォームが表示される

### 天気予報

Weather:地名で検索

第7章 最速で必要な情報を見つけ出す！ 情報検索編

# 名前が思い出せない！
# そんなときは
# 画像検索

「検索」と聞くと、まずテキストでの検索が思い浮かぶと思いますが、Googleには、テキスト以外にも画像や動画、ニュース、地図など、さまざまな条件で検索する機能が備わっています。

なかでも画像検索には、お世話になっている人も多いことでしょう。通常、画像検索は、特定のキーワードに該当する画像を探すために使われるケースが大半だと思いますが、それ以外にも便利な使い方ができます。

とくに、電化製品の名称や、映画に登場する俳優の名前など、形や顔は覚えているのに名前が出てこない、という場合に役立ちます。

このようなケースでは、固有名詞で検索することができません。そこで、関連するキーワードで画像検索するのです。検索結果が表示されたら、画面をスクロールさせ、目的の画像を探し出し、画像をクリックすると、関連情報が展開されます。そこで正式名称がわかる場合もあれば、展開画像の右のほうにある「ページを表示」をクリックして、その画像が掲載されている元ページに飛び、そこから情報を探しあてることもできます。

たとえば、映画「グラディエーター」で、主演のラッセ

190

ル・クロウの宿敵役を演じている俳優、ホアキン・フェニックスの名前を思い出したい場合、「俳優　グラディエーター」で画像検索し、顔写真が出てきたら、「そうそう！　この人」とそこから情報をたどっていけばいいのです。

　画像検索は、人名以外にも、製品名や型式、お店の名前、遊園地のアトラクションなどなど……、さまざまなものの検索に役立ちます。

　人間は、文字よりも画像や映像で記憶する生き物です。画像検索を上手に利用して、超速で目的の情報にリーチできるようがんばりましょう。

第**8**章

# 知らないと
# 損をする!
## 超速メール術編

あなたのパソコンには、毎日どれくらいのメールが届きますか？ 数件しかこないという人もいれば、1日100件以上くる、という人もいることでしょう。私自身も、毎日数百件のメールを受け取っています。

これは、主観ですが、多くのビジネスパーソンは、少なくとも1日十数件から、数十件くらいはメールを受け取っているのではないでしょうか。

また、メールは読むだけではなく、新規作成や返信、転送など、何かと時間を奪われるものです。仮に、毎日数十件メールをやりとりしたとして、1年間でいったいどのくらいの時間が費やされているかと考えると、ちょっと怖くなりませんか？

そこで、ここからは、私が毎日数百件のメールをやりとりするなかで身につけた、メールの閲覧や処理にかかる時間を大幅に圧縮するためのワザを紹介していきましょう。

なお、本書では、ビジネスパーソンに最も使われているメーラーである、Outlookについて解説します。

# 開封しなくても読める！
# Outlookの設定変更で
# メールの閲覧を高速化する

　メールのやりとりのなかで、最も多いのは、「読む」ことです。メールを1件ずつ開いて読むだけでも、毎日かなりの時間をとられているのです。これを効率化するために、まず、Outlookメーラーの設定を確認しましょう。

　まず、画面のレイアウトが図のように、画面左から「ナビゲーションウィンドウ」「情報ビュー」「閲覧ウィンドウ（プレビュー）」の順に表示されているか確認します。

　このように設定されていれば、1件ずつ開封しなくても、「上下」キーでプレビューを確認しながら進んでいけます。

==レイアウトが違うという人は、表示→レイアウトカテゴリの「閲覧ウィンドウ」で「右」を選択し、変更してください。==

　次に、「自動開封機能」について。初期設定では、オフになっていますが、未開封のメールを選択しただけで、一定時間後、自動的に開封されるようになっている人はオフにすることをおすすめします。メールの内容によっては、長くてプレビューでは読みきれないもの、あとでじっくり読みたいものもあるはず。自動開封の設定をそのままにしておくと、確認モレが起こる可能性が高くなるからです。

==この設定をオフにするには、ファイル→オプション→詳細設定→Outlookウィンドウの「閲覧ウィンドウ」を==

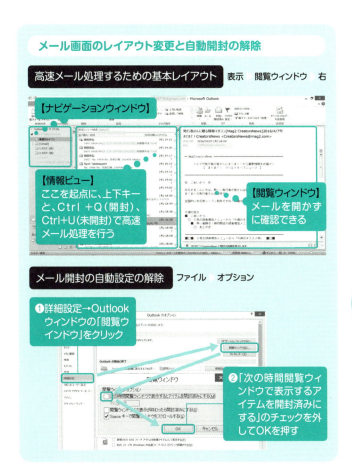

クリックし、開いたウィンドウ上で「次の時間閲覧ウィンドウで表示するとアイテムを開封済みにする」のチェックを外し、OKを押します。

　さらに、開封（「Ctrl」+「Q」）・未開封（「Ctrl」+「U」）のショートカットキーを使うと、閲覧にかかる時間をさらに短縮できますし、確認モレもなくなります。

# メールの作成・転送・返信をキーボードで即実行

　メールの作成、送信などのちょっとした操作も、マウスを使うのと、使わないのとでは、かかる時間に大きな差が生まれます。ここでは、メール作成の負担を少しでも軽減するため、私が日常的によく使っている基本的なショートカットキーを5つ紹介します。これらのワザを使えば、毎日のメール処理が格段に速くなります。

① 「Ctrl」+「N」(新規作成)：瞬時に新規作成のウィンドウが開きます。ちなみに、作成時ウィンドウのリボン部分が邪魔なときは、「Ctrl」+「F1」で非表示にし、メール作成のエリアを大きくとりましょう。

② 「Ctrl」+「F」(転送)：ファイルが添付されている場合も、そのまま転送できます。

③ 「Ctrl」+「R」(返信)：返信相手が1人の場合。

④ 「Ctrl」+「Shift」+「R」(全員に返信)：返信相手が複数いる場合。

⑤ 「Ctrl」+「Enter」(送信)：①〜④でメール作成し

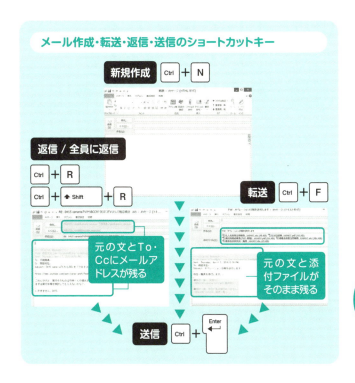

たあとに、このショートカットキーで送信します

　余談ですが、メール処理にかかる時間を短縮するためには、ショートカットキーだけでなく、できるだけ短い文面で返信することもポイント。「お疲れ様です」や「お世話になっております」といった定型文はできるだけ減らすよう心がけましょう。そのためには、ふだんから社内外の人との信頼関係を築いておくことが大切です。
　とくに社内でのコミュニケーションは、できるだけカジュアルにすることを心がけてみてはいかがでしょうか？

# 正しく使えてる？
# To・Cc・Bccを
# 適切に使い分ける

　スカイプやLineなど、最近、さまざまなコミュニケーションツールが登場していますが、メールにしかない特徴として、To・Cc・Bccの存在があります。ただ、これらは正しく使われていない場合も多いようです。

　To・Cc・Bccを正しく使うことができれば、コミュニケーションが効率的になるだけではなく、他人との無用なトラブルを防ぐことができ、結果的に時短につながります。

　ぜひ、正しい使い分けを覚えていただければと思います。「そんなの知っているよ」と感じた人もいらっしゃると思いますが、たとえば、Ccでメールを受け取った人から、返信がくるなど、「この人、使い方を間違えているな」ということがよくありますので、いま一度確認しておきましょう。

　**まず、「To」について。これは、特定の人に対しての連絡や指示などに使われ、送られた側は返信やなんらかのアクションを求められることになります。**

　よく、複数の宛先に「To」を使って送信している人がいますが、これでは、責任の主体が曖昧になってしまいます。情報共有を目的としたメール以外は、複数の人に「To」で送信することは避けましょう。

　**続いて「Cc」について。これは、責任者以外に内容を**

## To・Cc・Bccの違い

| 名称 | 返信の責任 | おたがいの連絡先 | おもな用途 |
|------|-----------|-----------------|-----------|
| To | あり | 表示 | ● 返信やアクションの必要がある連絡・指示 |
| Cc | なし | 表示 | ● 責任者以外の人への情報共有 |
| Bcc | なし | 非表示 | ● 責任者以外の人への情報共有<br>● 不特定多数の人への一斉同報送信 |

知っておいてほしい人がいる場合に使われます。おもに、情報共有の目的で使われる場合が多いでしょう。

よく、「Cc」でメールを受け取った人が返信するケースがありますが、基本的には返信する責任はありません。

ちなみに、「Cc」で送信すると、誰に送ったかがおたがいにわかります。したがって、不特定多数の人に一斉同報送信をする場合には、個人情報保護の観点からふさわしくないので、誤って利用しないよう注意が必要です。

最後の「Bcc」は、内容を共有したいけれど、メールを受け取る人に、おたがい存在や連絡先を知らせたくない場合に使われます。「Cc」と同じく返信の責任はなく、参考や情報共有以外に、ほかの受信者にアドレスが見えないので、一斉同報送信に用いられることもあります。

コミュニケーションの目的によってTo・Cc・Bccを効果的に使い分けられるよう、意識してみてくださいね。

# 最速で「連絡先」を呼び出す、登録する

メール作成のたびに毎回同じアドレスを入力するのは面倒ですよね。そんなときに便利なのが「アドレス帳」です。Outlookを使っている人は、ここから名前やメールアドレスを呼び出しているのではないでしょうか。

ちなみに、「アドレス帳」の大元は、「連絡先」に登録されている情報です。この2つの違いは、「アドレス帳」がメールの送信に特化しており、名前とメールアドレスを管理するものなのに対し、「連絡先」は、勤務先や住所、電話番号などより多くの情報を管理するためのものです。

似ていますが、用途が違いますので、混同しないようにしてください。ここでは、「連絡先」と「アドレス帳」に関するおもなショートカットキーを紹介していきましょう。

① 「Ctrl」+「3」：Outlookのビュー上で押すと、「連絡先」が開きます。

② 「Ctrl」+「Shift」+「C」：「連絡先」の登録画面が開きます。また、受け取ったメールのアドレス上で右クリックし、「Outlookの連絡先に追加」を選択すると、そのまま「連絡先」に登録することもできます。

③「Ctrl」+「Shift」+「B」：メールの作成画面でこれを押すと、「アドレス帳」を開くことができます。

④「Ctrl」+「F」：「連絡先」で情報を選択し、これを押すと、その人の情報をメールに添付できます（メールの件名には、その人の名前が表示されます）。

⑤「Ctrl」+「E」：「連絡先」の検索ボックスにカーソルが移動し、情報を検索できるようになります。

# 過去のメールを瞬時に探し出す検索機能の便利ワザ

　以前受け取ったメールを再確認する際、受信トレイに入っている大量のメールのなかから、目的のものをスクロールしながら目視で見つけるのは至難の業です。そこで、多くの人は「検索機能」を使っているのではないでしょうか。

　Outlookの検索機能には「クイック検索」と「高度な検索」の2種類があります。さらに、クイック検索をする際にひと工夫すると、より短時間で目的のメールを探し出すことができます。

「クイック検索」を使う際は、「Ctrl」＋「E」でカーソルを検索ボックスに移動させます。そこに、送受信者名や文中に含まれるキーワードを入力して「Enter」を押すと、該当するメールが選択表示され、キーワードに該当する部分が黄色くマーキングされます。さらに、「クイック検索」では、180ページで紹介したネット検索同様、以下のように、条件を指定して検索することができます。

①A（スペース）B：AとBの両方を含むメールが検索表示されます。

②A（スペース）NOT（スペース）B：Aを含むが、Bは含まないメールが検索表示されます（※NOTは大文字）。

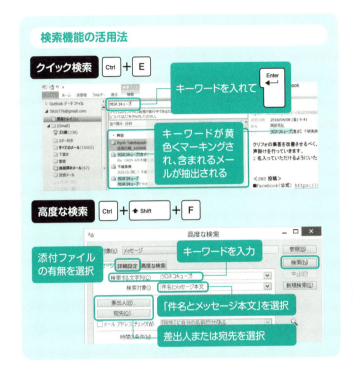

③ A（スペース）OR（スペース）B：A、B、または両方を含むメールが検索表示されます（※ OR は大文字）。

④ "A（スペース）B"：A B と完全一致する語句を含むメールが検索表示されます。

　もう1つの「高度な検索」は、「Ctrl」+「Shift」+「F」で開きます。送信者やキーワードだけでなく、添付の有無や日付など複数の条件を指定できます。入力に多少時間がかかりますが、より精度の高い検索が可能です。

# Trick 080 最短でファイルを添付してメール送信する

**4分短縮**

　メールにファイルを添付して送る。仕事をしていると、毎日のようにやっている行為だと思います。
　こんなあたり前の作業も、キーボードを使うことで、マウスを使ってファイルを添付する際の余計な時間のロスやミスを減らすことができます。

　やり方はとてもシンプル。
　**まず、ファイルを選択して「Ctrl」+「C」でコピーします。そしてメールの「本文」欄または「添付ファイル」欄にカーソルを移し、「Ctrl」+「V」でペーストするだけです。**どうですか？　驚くほどかんたんでしょ？
　また、使う頻度は低いかもしれませんが、いま見ているメールそのものを添付して送ることもできます。
　**ショートカットキーは、「Ctrl」+「Alt」+「F」。**
　メールを記録として保存する必要がある場合などに便利です。
　さらに、先ほど紹介した、受け取った添付ファイルつきのメールを、ファイルがついた状態のまま第三者に転送できるショートカットキー、「Ctrl」+「F」も併せて使っていただければ、ファイル添付にまつわるストレスやモレから、ずいぶん解放されるはずです。

## 最速でメールにファイルを添付する

### ファイルをメール添付

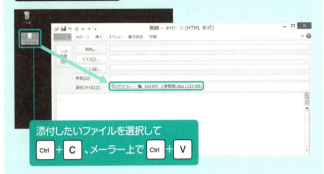

添付したいファイルを選択して Ctrl + C 、メーラー上で Ctrl + V

### 選択したメールを添付

情報ビューで添付したいメールを選択して、 Ctrl + Alt + F

# Classic Shellの
# インストールと
# 設定方法

本書で何度か紹介したフリーソフト「Classic Shell」。Windows 8以降のユーザーインターフェースに慣れない人にとっては、スタートボタンやエクスプローラーなど、使い慣れたWindows 7やXP風のスタイルに戻せる大変ありがたいツールです。

Windows 8以降の、新しいユーザーインターフェースについては、さまざまな意見があるとは思いますが、私は、仕事をするうえでは、やはり旧スタイルのほうが効率がいいと思っています。

本書の最後に、このソフトの概要や、インストール、設定の方法を、「おまけ」として紹介しておきますので、ぜひ試していただければと思います。

● 概要

名前：「Classic Shell」
バージョン：4.2.5 ※2016.04.13時点
対象OS：Win Vista, Win 7 , Win 8 / 8.1 , Win 10
製作者：ibeltchev
公式サイト：http://www.classicshell.net/
価格：無償

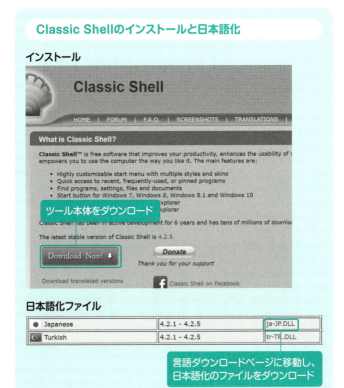

## ●インストール

以下のウェブサイトにアクセスし、「Download Now」ボタンから最新バージョンのものをインストール

http://www.classicshell.net/

## ●日本語化

Classic Shellは海外製のツールであるため、次の手順で日本語化の設定を行う必要があります。

①以下の、言語ファイルダウンロードページから「ja-JP.DLL」をダウンロード

　http://www.classicshell.net/translations/

②「ja-JP.DLL」を Classic Shell のインストールフォルダ内にコピー

③スタートボタン上で右クリックし「設定」を選択

④設定画面が表示されたら、画面上部の「Show all settings」にチェック入れる

⑤すべてのオプション項目が表示されるので、「Language」タブを開き、「ja-JP - 日本語（日本)」を選択 → 右下の「OK」ボタンを押す

⑥ Classic Start Menu の再起動を求めるダイアログが表示されるので「OK」ボタンを押す

⑦スタートボタン上で右クリックし、「終了」を選択

⑧インストールフォルダ内の「ClassicStartMenu.exe」を実行

⑨日本語化が完了


●**スタートメニューの設定**

　本編でも紹介しましたが、改めて「スタートメニュー」を旧スタイルに変更する方法を記します。


①スタートメニューから「Classic Start Menu Settings」を選択して「Enter」

②設定ウィンドウ上部の「全ての設定を表示する」にチェック入れる

**スタートメニューの様式設定**

③「スタートメニューの様式」タブで、表示させたいスタートメニューのスタイルを任意で選択

## 表示項目の設定

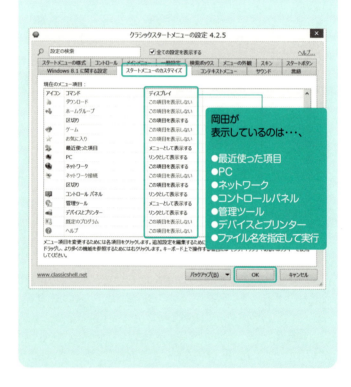

④「スタートメニューのカスタマイズ」タブで表示させたいスタートメニューを選択→OKを押す

**スキンの選択**

⑤「スキン」タブでスタートメニューのスキン（視覚的な装飾）を任意で選択→ OK を押す

⑥以上で設定完了（「Shift」+「Windows」キーで、Windows8 以降のスタートスクリーンに切り替えも可能）

# おわりに

最後まで読んでいただき、ありがとうございました！

本書は、IT関連や仕事術の本のように捉えられるかもしれませんが、じつは、「人間」と「人生」という2つのキーワードがテーマに含まれています。

手に取っていただいた読者1人ひとりの日常生活を思い浮かべながら、「時短を実現し、充実した人生を送っていただくためには、どんなワザを伝えるべきか」「どんな伝え方をすればより伝わるか」といったことを一生懸命考えながら執筆しました。

これまで、「仕事の時短」というテーマだけに絞って、パソコンワザの棚卸をしたことがなかったので、執筆中は悪戦苦闘することもありました。

また、忘れてしまっていたワザや、OS・ソフトウェアのバージョンアップによって、（よくも悪くも）大きく変わってしまった機能があることもわかり、私自身にとっても大いなる学びと発見の機会となりました。

「パソコンは苦手」「ITは難しい」と言う人もいらっしゃいますが、ITは本来、人間の日常や人生を豊かにするものでなくてはなりません。ITに使われるのではなく、人間がITを使って、人とのつながりや人生をより豊かにすることが理想です。

私はスマートフォンがどれだけ発展しても、パソコンは"創る人"にとって欠かせない道具であり続けると思っています。そういう意味では、パソコンはあなたの未来を切り開く「刀」であり、心を彩る「ピアノ」のような存在と言ってもいいかもしれません。

「パソコンが苦手」「ITは難しい」という人が、本書を手に取ったことで、少しでもパソコンやITを身近に感じていただき、本書で紹介したさまざまな時短ワザを試し、日々の仕事や人生を少しでも充実させていただければ、これほどうれしいことはありません。

　すべてはあなたの手のひらに……。
　爆速で人生を楽しんでいきましょう！

岡田　充弘

# 謝辞

　最後に、本書を世に出すという貴重な機会をいただいた、かんき出版編集部の重村啓太さんに心から御礼申し上げます。また、多忙にかこつけて、ときどきクラウドワーカーよろしく雲隠れしていたことをお詫び申し上げます（汗）。

　そして、家族や私が経営する4社の仲間たちには、毎日感謝の気持ちがたえません。日ごろ、私が好き勝手やらせてもらっているのは、彼・彼女たちのおかげです。

　また、仕事やスポーツなど、公私で楽しくおつき合いいただいている友人たちにも、この場をお借りして感謝の言葉をお伝えしたいと思います。


岡田　充弘

## 【著者紹介】

**岡田 充弘**（おかだ・みつひろ）

◉——カナリア株式会社代表取締役。クロネコキューブ株式会社代表取締役。株式会社メカゴリラ代表取締役。ウズラ株式会社代表取締役。

◉——兵庫県出身。日本電信電話（のちのＮＴＴ）、大手会計系コンサルティング会社のプライスウォーターハウスクーパース、大手組織・人事戦略コンサルティング会社のマーサージャパンなどで企業再生や組織変革の実務を経験したのち、映像関連機器メーカーの甲南エレクトロニクスにマネジメントディレクターとして入社。事業再編、ブランド構築、プロセス改革、ワークスタイル改革、オフィス改革など、多くの改革を断行し、短期間で創業以来最高の業績を達成。その後同社の社長に就任し、商号をカナリアに変更。

◉——また、2013年4月より脱出ゲーム企画会社クロネコキューブ株式会社を設立し、代表取締役に就任。その後、ウェブデザインを行う株式会社メカゴリラ、建築やオフィス・店舗デザインなどを行うウズラ株式会社を設立。ともに代表取締役として現場で指揮を執っている。

◉——起業家・再生家・投資家など複数の顔を持ち、世界各地で複数プロジェクトを同時進行させるかたわら、若手人材の発掘・育成にも尽力している。本書の元となった、600にもおよぶパソコン時短ワザを集め、マニュアル化しており、自身だけではなく、自社の社員にもマウスを使わないワークスタイルを推奨。多忙にもかかわらず毎日18時には退社する生活を続けている。著書に『残業ゼロ！時間と場所に縛られないクラウド仕事術』『あなたがいなくても勝手に稼ぐチームの作り方』（ともに明日香出版社）などがある。

仕事が速い人ほどマウスを使わない！
超速パソコン仕事術　　　　　〈検印廃止〉

| 2016年5月16日 | 第1刷発行 |
| 2017年4月27日 | 第12刷発行 |

著　者——岡田　充弘

発行者——齊藤　龍男

発行所——株式会社かんき出版

東京都千代田区麴町4-1-4 西脇ビル　〒102-0083

電話　営業部：03（3262）8011代　編集部：03（3262）8012代
FAX　03（3234）4421　　　　　振替　00100-2-62304
http://www.kanki-pub.co.jp/

印刷所——ベクトル印刷株式会社

乱丁・落丁本はお取り替えいたします。購入した書店名を明記して、小社へお送りください。ただし、古書店で購入された場合は、お取り替えできません。
本書の一部・もしくは全部の無断転載・複製複写、デジタルデータ化、放送、データ配信などをすることは、法律で認められた場合を除いて、著作権の侵害となります。
©Mitsuhiro Okada 2016 Printed in JAPAN　ISBN978-4-7612-7172-5 C0030